教子有方27

3歲定一生

活用孩子的黃金發展關鍵期

Growing Child雜誌發行人 丹尼斯・唐 總編輯

毛寄瀛 博士 譯

書泉出版社 印行

Dear源起

四十多年前，《教子有方》的創辦人丹尼斯．唐（Dennis Dunn）任職文字記者，並擁有一個幸福的小家庭。五歲的兒子和一般小男孩沒什麼兩樣，健康、快樂又聰明，偶爾也會調皮和闖禍。然而，兒子在進入小學不久之後，卻發生了上課不認眞、不聽老師的話、注意力不集中的困難。父母眼中活潑可愛的孩子，竟成了老師眼中學習發生障礙的問題兒童；唐家原本無憂無慮、充滿笑聲的生活，也因而增添了許多爭執與吵鬧。

經研究與治療兒童學習障礙聞名全球的普渡大學「兒童發展中心」的評估之後，發現丹尼斯的兒子雖然天資十分優異，但對於牽涉到時空順序的觀念卻倍覺吃力。問題的癥結在於，這個孩子的早期人生經驗有一些「空白」之處，也就是有一些在嬰孩時期應該發生的經驗，很不幸地沒有發生！治療的方法是，帶領孩子逐一經歷那些沒有發生的「事件」，以彌補不該留白之處的記憶、經驗與心得。

經過輔導之後，丹尼斯的兒子在各方面都表現得相當出色。然而，丹尼斯卻對於孩子小時候因爲自己的無知與疏忽，而感到非常的遺憾。如果在孩子剛出生時，就瞭解到小嬰兒日常生活的點點滴滴對於日後成長的影響是如此深遠，許多痛苦的冤枉路就都可以避免了。

因此，丹尼斯辭去報社的工作，邀請了「兒童發展中心」九位兒童心理博士與醫師（其中Dr. Hannemann曾任美國小兒科醫師學會副會長），共同出版了從出生到六歲每月一期的《Growing Child》。三十多年來，這份擁有超過八百萬家庭訂戶的刊物，以淺顯易讀的內容，帶領了許多家長正確地解讀成長中的寶寶。在千萬封來信的迴響中，許多父母都表示閱讀了《Growing Child》每月的建議，只要在日常生活中略施巧思，即可輕鬆愉快地培養孩子安穩的情緒（想喝奶時不哭鬧、遇見陌生人不害羞、充滿好奇心但不搗蛋……）、預防未來發生學習障礙（口吃、大舌頭、缺少方向感、左右不分、鏡像寫字、缺乏想像力、沒有耐性……），以及當寶寶遇到阻礙與挫折時，恰當地誘導他心靈與性情的成長。

小嬰兒一出生就是一臺速度驚人的學習機！孩子未來的智慧、個性以及自我意識都會在五歲以前大致定型。對於期待孩子比自己更好的家長們而言，學齡之前的家庭教育實在是一項無與倫比的超級挑戰！

《教子有方》不僅深入寶寶的內心世界，探討孩子的喜怒哀樂，日常生活中寶寶摔東西、撕報紙、翻書等一舉一動亦在討論的內容之中。舉例來說，《教子有方》教導父母經由和寶寶玩「躲貓貓」的遊戲，幫助寶寶日後在與父母分別時不會哭鬧不放人；《教子有方》也提醒家長，在寶寶四、五個月的時候，多帶寶寶逛街、串門子，以避免七、八個月大時認生不理人。

現代人的生活中，事事都需要閱讀使用說明書，《教子有方》正是培育下一代的過程中不可缺少的「寶寶說明書」。這份獨一無二、歷久彌新、幫助父母啓迪嬰幼兒心智發育的幼教寶典，針對下一代智慧智商（I.Q.）與情緒智商（E.Q.）的發展，帶領父母從日常生活中觀察寶寶成長的訊息，把握稍縱即逝的時機，事半功倍地培養孩子樂觀、進取、充滿自信的人生觀。《教子有方》更能幫助您激發孩子的潛能到最高點，爲下一代的未來打下一個終生受用不盡的穩固根基。

推薦序——

啓蒙孩子的心智之旅

生命中很奇特的一件事，就是擁有一個孩子。爲人父母者若具有足夠的知識來扮演他們的角色，這將是一件輕鬆、舒適及令人愉悅的事。

大部分的父母都希望子女長大後是一位奉公守法的人，是一位體貼的伴侶，是一位眞摯的朋友，以及一位與人和睦的鄰居。但是最重要的是希望孩子們到了學齡的年紀，他們心智健全，已做好了最周全的準備。

正如在第一段所提到的，父母若具有足夠的知識來扮演他們的角色，這將是一件輕鬆、舒適及令人愉悅的事。

早自一九七一年起，《教子有方》就針對不同年齡的孩子按月發行有關孩子成長的期刊。這份期刊的緣由可以追溯到其發行人發現他的孩子在學校裡出現了學習的障礙，他警覺到，如果早在孩子的嬰兒時期就注意一些事項，這些學習上的困難與麻煩就可能根本不會發生。

研究報告一再地指出，一生中的頭三年，是情緒與智力發展最關鍵的時期，在這最初的幾年中，75%的腦部組織已臻完成。然而，這個情緒與智商發展的影響力要一直到孩子上了三年級或四年級之後，才會逐步顯現出來。爲人父母者在孩子們最初幾年中的所做所爲，會深深地影響他們就學後的學習能力及態度。

譬如說：

＊在孩子緊張與不安時，適時的給予擁抱及餵食，將會減少往後暴力的傾向。

＊經常聆聽父母念書的孩子，將來很有可能是一個愛讀書的人。

＊好奇心受到鼓勵的孩子，極有可能終生好學不倦。

當你讀這份期刊的時候，你會瞭解視覺、語言、觸覺以及外在的多元環境對激發大腦成長的重要性。

我對教育的看法，是我們學習與自己有關的事物。在生命最初的幾年，豐富的好奇心與嫻熟的語言能力，將爲孩子們一生的學習路程扎下堅實的基礎。這也是一個良性循環，孩子探索與接觸新的事物愈多，他（她）愈會覺得至關重要，愈希望去發掘新的東西。

你的孩子現在正踏上一個長遠的旅程，爲人父母在孩子最重要的頭幾年有沒有花費心力，將會深遠地影響孩子的一生。許下一個諾言去瞭解你的孩子，這是父母能給孩子的最大禮物。

《教子有方》發行人

丹尼斯・唐

Dear PREFACE（推薦序中英對照）

Having a child is one of life's most special events and this occurs with greater ease, comfort, and joy when parents assume their roles with knowledge.

Most parents want their child to grow up to be a good citizen, a loving spouse, a cherished friend and a friendly neighbor. Most importantly, when the time comes, they want their child to be ready for school.

As the first paragraph says, this happens with "greater ease, comfort and joy when parents assume their roles with knowledge."

Since 1971, Growing Child has published a monthly child development newsletter, timed to the age of the child. The idea for the newsletter goes back to the time when the publisher's son had problems in school. The parents learned that had they known what to look for when their child was an infant, the learning problems might never have occurred.

Research studies consistently find that the first three years of life are critical to the emotional and intellectual development of a child. During these early years, 75 percent of brain growth is completed.

The effects of this emotional and intellectual development will not be seen, in many cases, until your child the third or fourth grade. But what a parent does in the early years will greatly affect whether the child is ready to learn when he or she enters school.

Consrder this:

* A child who is held and nurtured in a time of stress is less likely to respond with violence later.

* A child who is read to has a much better chance of becoming a reader.

* A child whose curiosity is encouraged will likely become a life-time learner.

As yor read this set of newsletters, you will learn the importance of brain stimulatlon in the areas of vision, language, touch and an enriched environment.

My premise of education is that we learn what matters to us. During these early years, an enriched curiosity and good language skills will lay the foundation for a child life time of learning. It is a positive circle. The more a child explores and is exposed to new situations, the more that will matter to the child and the more that child will want to learn.

Your child is now beginning a journey that could span 100 years. The time you spend or don't spend with your child during the first few years will dramatically affect his or her entire life. Make the commitment to know your child. There is no greater gift a parent can give.

Dennis Dunn Publisher, Growing Child, May 2001

Dennis D Dunn

譯者序——

你是孩子的弓

長子出世時我還是留學生，身爲一個接受西式科學教育、但仍滿腦子中國傳統思想的母親，我渴望能把孩子調教成心中充滿慈愛、又能在社會上昂首挺胸的現代好漢！求好心切卻毫無經驗的我，抱著姑且試試的心理，訂閱了一年的《Growing Child》。

仔細地閱讀每月一期的《Growing Child》，逐漸發現它學術氣息相當濃厚的精闢內容，不僅總是即時解答日常生活中「教」的問題，更提醒了許多我這個新手媽媽所從未想到過的重要細節。從那時起，我像是個課前充分預習過的學生，成了一個胸有成竹又充滿自信的媽媽，再也沒有爲了孩子的問題而無法取決「老人言」和「親朋好友言」。

我將《Growing Child》介紹、也送給幾乎所有初爲父母的朋友們。直到孩子滿兩歲時，望著樂觀、自信、大方又滿心好奇的小傢伙，再也按捺不住地對自己說：「坐而言不如起而行，何不讓更多的讀者能以中文來分享這份優秀的刊物？」經過了多年的努力，《Growing Child》終於得以「教子有方」的形式出版，對於個人而言，這是一個心願的完成；對於讀者而言，相信《Growing Child》將爲其開啓一段開心、充實、輕鬆又踏實的成長歲月！

「你是一具弓，你的子女好比有生命的箭，藉你而送向前方。」這是紀伯倫詩句中我最喜愛的一段，經常以此自我提醒，在培育下一代的過程中小心不要出錯。曾有一友人因堅決執行每四個小時餵一次奶的原則，而讓剛出生一個星期的嬰兒哭啞了嗓子。數年後自己也有了孩子，每次想起友人的寶寶如老頭般沙啞的哭聲，就會不由自主地喟然嘆息，當時如果友人能有機會讀到《教子有方》，那麼他們親子雙方應該都可以減少許多痛苦的壓力，而輕鬆一些、愉快一些。

生兒育女是一個無怨容易無悔難的過程，《Growing Child》的宗旨即在避免發生「早知如此，當初就……」的遺憾。希望《教子有方》能幫助讀者和孩子無怨無悔、快樂又自信地成長。

聖荷西州立大學營養學系教師

「營養人生」團體個人營養諮詢中心負責人

北加州防癌協會華人分會營養顧問

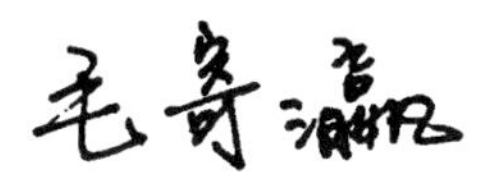

前言——

本書的目的和用意

《教子有方》的原著作者們，是一群擁有碩士、博士學位的兒童心理學專家，而我們的工作，就是在美國普渡大學中一所專門研究嬰幼兒心智成熟與發展的研究中心，幫助許多學童們解決各種他們在學校中所面臨有關於「學習障礙」方面的問題。

在筆者經常面對的研究對象之中，不僅包括了完全正常的孩子，同時也有許多患有嚴重學習障礙的孩童。一般而言，這些在學習上發生困難的兒童們，他們在心靈與精神方面並沒有任何不健全的地方，甚至於有許多的個案還擁有比平均值要高出許多的智商呢！

那麼問題究竟出在什麼地方呢？這些孩子們的共同特色，就是他們在求學的過程中觸了礁、碰到了障礙！

然而，爲什麼這些照理說來應該是非常聰明且心智健康、正常的孩子們，在課堂之中即使比其他同年齡的同伴們都還要加倍努力地用功，結果還是學不會呢？

專家們都相信，在這些學習發生障礙的孩童們短短數年的成長過程中，必定隱藏著許多不同於正常兒童的地方。

雖然說，我們無法爲每一位在學習上發生障礙的孩子，仔細地分析出問題癥結的所在，但在不少已被治癒的個案中，我們能夠清楚地掌握住一條共同的線索，那就是這些孩子們在他們生命早期的發展與成長的過程中，似乎缺少了某些重要的元素。

怎麼說呢？以下我們就要爲您舉一個簡單卻十分常見的小例子，讓您能更深一層地明瞭到其中所蘊涵的重要性。

在小學生的求學過程中，經常會有小朋友們總是把一些互相對稱的字混淆不清，並且也習慣性地寫錯某些字。譬如說，一個小學生可能會經常分不清「人」和「入」、「6」和「9」，也有很多學童老是把「乒」寫成「乓」！

顯而易見的，我們所發現的問題，正是最單純的分辨「左」、「右」不同方向的概念。

在經過了許多科學的測試之後，我們發現到一項事實，那就是一位典型的、具有上述文字與閱讀困難的小朋友，不僅在讀書、寫字方面發生了問題，往往這個孩子在上了小學之後，仍然無法「分辨」或是「感覺」出自己身體左邊與右邊的不同之處。

大多數的小孩子在上幼稚園以前，就已經能夠將他自己身體的「左側」和「右側」分辨得十分清楚了。

但是有一些小孩子則不然，對於這些一直分辨不出左右的孩子們而言，當他們長大到開始學習閱讀、寫字和數數的時候，種種學業上的難題就會相繼地產生。

一般說來，一個正常的小孩子在還不滿一歲的時候，就已經開始學習著如何去分辨「左」與「右」。而在寶寶過了一歲生日之後的三至五年之內，他仍然會自動不斷地練習，並且去加強這種分辨左右的能力。

但是，爲什麼有些小孩子學得會，有些小孩子就是怎麼也學不會呢？

答案是：我們可以非常肯定地說，嬰幼兒時期外在環境適當的刺激和誘發，是引導孩子日後走向優良學習過程最重要的先決要件。

更重要的是，這些發生於人生早期的重要經驗，會幫助您的孩子在未來一生的歲月中，做出許多正確的判斷和決定。

在本書中，我們將會陸續爲您解說如何訓練寶寶辨認左右的能力。這雖然相當的重要，但也僅只是一個孩子成長的過程中，許許多多類似元素中的一項而已。而這些看似單純自然，實則影響深遠的小地方，相信您是一定不願意輕易忽視的。

如果您希望心愛的寶寶在成長過程中，能夠將先天所賦與的一切潛能激發到極限，那麼從現在開始，就應該要爲寶寶留意許許多多外在環境中的細節，以及時時刻刻都在發生的早期學習經驗！

這也正是我們的心意！何不讓本書來幫助您和您的寶寶，快樂而有自信地度過他人生中第一個、也是最重要的六年呢？

親愛的家長們，相信您現在一定已經深刻地瞭解到，早期的成長過程以及學習經驗，對於您的寶寶而言，是多麼地重要！

筆者衷心要提醒您的一點就是，這些重要的成長經驗，並不會自動地發生！身爲家長的您，可以爲寶寶做許多（非常簡單，但是極爲重要）的事情，以確保您的下一代能夠在「最恰當的時機，接受到最適切的學習經驗」！

本書希望能夠爲您指出那些我們認爲重要、而且不可或缺的早期成長經驗，以供您爲寶寶奠定好自襁褓、孩提、兒童、青少年，以至於成年之後的學習基礎。

在緊接著而來的幾個月中，以及往後的四、五年內，您最重要的工作，就是爲寶寶（一個嶄新的生命）未來一生的歲月，扎扎實實地打下一個心智成長與發展的良好根基！要知道，身爲家長的您，正主宰著寶寶在襁褓以及早期童年時期所遭遇到的一切經歷！

您必然也會想要知道應該在什麼時候去做些什麼事情，才能夠爲心愛寶寶的生命樂章，譜出一頁最美妙、動人而又有意義的序曲。

我們希望能夠運用專業的知識，和多年來與嬰幼兒們相處的經驗，成爲您最得力的助手。身爲現代的父母，請您務必要接受本書爲您提供的建議。

現在，讓我們再來和您談一談我們所輔導過的個案，也就是那些雖然十分聰明、但是卻在學校裡遭遇到學習困難的孩子們。

我們發現，在絕大多數這些孩子們早期的成長與發展過程中，都存在了或多或少未曾連接好的「鴻溝」。而我們在治療的過程中，所最常做的一件事，就是設法找出這些「鴻溝」的所在，並且試著去「填補」它們。值得慶幸的是，這一套「填補鴻溝」的做法，對於大多數我們所輔導的個案都產生了正面且相當有效的作用。

然而，同時也令我們感到非常惋惜的，就是如果這些不幸孩子的父母能夠早一點知道他們的孩子在成長過程中所需要的到底是什麼，那麼大多數我們所發掘出來的問題（鴻溝），也就根本不會產生了。

總而言之，本書想要做的就是時時刻刻提醒您，應該要注意些什麼事情，才能適時地激發孩子的潛力，並且「避免」您的孩子在未來長遠的學習過程中遭遇到困難。

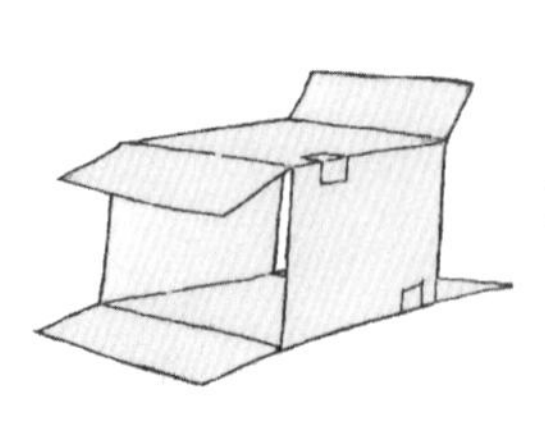

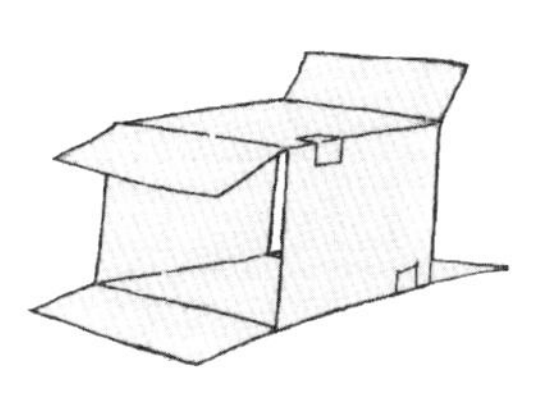

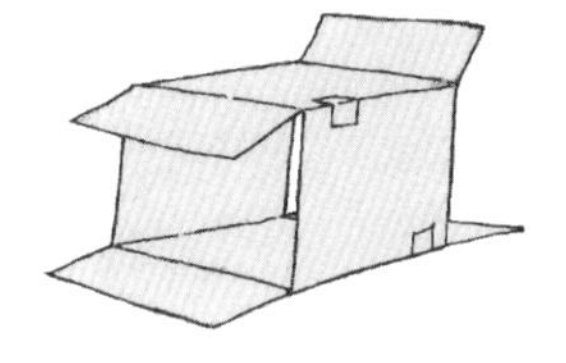

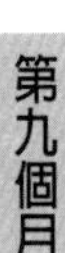

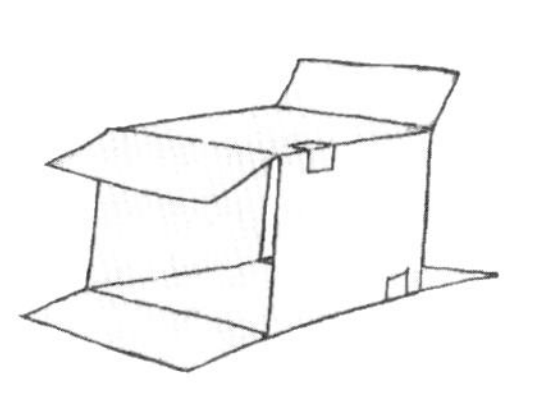

第一個月

小大人的社交

三歲的寶寶，活脫脫是個小大人了！他開朗、外向、喜歡和人說話，更愛對其他的孩子們友善地示好和來往。大多數的時候，三歲的心肝寶貝是一位小小的親善大使，總是爲他自己、也爲家人贏得許許多多的眞情與關懷。

然而，即使是最樂天、活潑、外向的孩子，在某些對於他而言十分「奇特」的場合，也會突然地彆扭起來，變得古里古怪，膽小害羞，在短短幾分鐘之內，判若兩人地轉爲內向、退縮和不願與人來往。這種令許多父母們措手不及、不知該如何是好的情形，尤其容易發生在家庭人口簡單，並且是唯一的孩子身上！此外，生活中「不尋常」的「大事」，例如搬家、婚喪、訪客、新生的小弟弟和妹妹等，亦會導致寶寶在社交方面的發展，發生迥異尋常、一百八十度的大轉變。

親愛的家長們，身爲寶寶啓蒙師的您，在寶寶進入了以上所述「情緒的死胡同」中出不來的時候，是否曾經軟硬兼施，也試過威逼利誘？而不論寶寶是無奈地就範或是堅持地抗爭，您心中是否也曾經止不住地捫心自問：「到底該採取什麼樣的教養方式，對寶寶才是最佳的幫助呢？」

《教子有方》秉持著身爲「教養子女之說明書」的一貫立場，願意深入探討這個看似小事一樁、但卻影響深遠的課題，幫助有心塑造寶寶樂觀、開朗、自信人生觀的家長們，事半功倍地提升孩子的「情緒智商」（Emotional Quotient）。

以下讓我們先以一個生活中常見的例子，來共同思索三歲寶寶的社交方式及處世之道，並且恰當地將父母們「望子成龍，望女成鳳」的苦心，導向積極、正面和最有效率的教養管道！

「我可以加入你們嗎？」

這是一個愉快的聚會！大人們難得有機會可以無憂無慮地談天、說笑、吃好吃的東西，小朋友們在遊戲室裡也彼此快樂地打成一片。您心中萬分雀躍地期待著能盡情享受這份值得珍惜的喜悅，然而美中不足的是，三歲的寶寶在迅速地掃瞄了全場陌生的面孔之後，竟喪失了往常與人親和的能力，而且此時正亦步亦趨、緊緊地抓著您的褲管（或裙襬），怎麼也不肯「大方合群」地加入其他孩子們的玩耍。

對於您的「好言相勸」和「愛的鼓勵」，寶寶不但「不識相」地絲毫不為所動，反而變得更加「無法理喻」，眼看著原本平易近人、乖巧聽話的寶寶在短短的幾分鐘內，竟成為眾人眼中「沒有被教好」、「人格必定有缺陷」的「問題兒童」，您的心中頓時百感交集，五味雜陳，不知不覺湧出一股「恨鐵不成鋼」的怒氣，催促著您拿出做父母的威嚴，採取「高壓」的手段，快快地強迫寶寶聽話和變乖。

然而，對於您的「下馬威」，寶寶似乎仍然是無動於衷，他使出了「吃奶的本事」，就是不肯加入這一群看來玩得十分開心的小朋友。

親愛的家長們，處於這麼一個寶寶軟硬皆不吃的時刻，您該怎麼辦呢？

寶寶心事知多少？

要能夠正確地回答上文中所提出的問題，家長們首先必須非常明確地建設自我的心理，清楚地弄明白，如果寶寶不願意以一個外來者的身分，主動加入一個由陌生的兒童所組成的團體，那麼此時不論您如何地驅策他、威脅他、恐嚇他，甚至於利用蠻力逼迫他，全都不可能達到預期的效果，同時還會造成嚴重的反效果，使得寶寶在父母的強勢作風之下，不由得產生強烈的緊張、焦慮、恐懼不安等負面情緒。這些心靈中的陰影，將會長久存在於孩子的記憶深處，成爲幼兒在人際關係及獨立過程中惱人的絆腳石！

其實，許多的父母們在這一個課題上最容易犯下的共同錯誤，就是他們對三歲孩子的社交表現設下了過高的期望值。有的時候，父母們要求子女所需擁有的處世能力，即使連他們自己也是很難辦得到的啊！

想想看，假如您在毫無心理準備之下，突然置身於一個完全陌生的團體中，內心深處是否也會產生害怕與不安的感覺，和想要轉身逃跑的衝動？那麼，我們又如何能要求一個缺乏社交經驗的三歲孩子，得體、漂亮和毫無困難地立刻就融入一群陌生的孩童之中呢？

可曾想過，當寶寶在眾目睽睽之下扭扭捏捏、哭哭啼啼、畏首畏尾地躲在您的背後，擺出一副「小媳婦不敢見公婆」或「沒出息」的樣子時，寶寶其實是在對您發出求救的訊號，他小小的心田裡如走馬燈般閃過的念頭和感受，追根究柢只有一個，那就是：「我非常的害怕！」當寶寶以行動來表示出內心種種的不安，對您呼求：「萬一這群孩子不歡迎我的加入，怎麼辦呢？」、「不要強迫我！我很緊張，我不願意被他們拒絕！」時，如果父母不但不能體諒地伸出援手，反而利用高壓的手腕來否定孩子的恐懼，強迫他參與，那麼對於寶寶而言，這無疑是一種最爲嚴苛無情的懲罰，不僅在當時於事無補，更會在孩子尚在發展的社交經驗中，留下難以抹滅的傷痕。

親愛的家長們，當三歲的寶寶裹足不前，無法踏出與人交往的第一步時，他所需要的絕對不是不容退縮的壓力，所期望的也不是來自於父母的不認同，寶寶眞正需要的是一些助力、勇氣，和許多可以立即派上用場的建議，有心的家長們不妨「身先士卒」，主動提供自我，自告奮勇地爲寶寶搭起友誼的橋梁，幫助他自然、和諧、不尷尬、不受傷害地打入一個全新的小小社交圈。

以下我們列出五帖簡單但有效的「社交強心劑」，作爲家長們幫助孩子與新朋友交往時的參考：

社交強心劑之一：課前預習

假設爸爸知道晚上將要參加的聚會中，小珍會遇到許多新的面孔，那麼爸爸可以先在家中爲小珍介紹他的朋友和他們的孩子。例如，「張三的個子又瘦又高，他有一男一女兩個小孩，男的十歲、女的五歲……」、「李四戴一副深度近視眼鏡，他非常會游泳，四歲的小男孩也非常會游泳！」、「王五的太太是音樂老師，很會彈鋼琴，他們有一對才十個月大的雙胞胎小嬰兒。」如果在這一群朋友的小孩中剛好有一位是小珍曾經遇見過的，那麼爸爸更可以先喚醒小珍的記憶：「還記得上次來過我們家，和你一起吹泡泡的元元嗎？他今天晚上也會去喔！」

社交強心劑之二：沙盤推演

爸爸也可以先爲小珍安排一場「自我介紹」的「家家酒」，帶頭先對小珍說：「嗨，我是小珍的爸爸，你的名字是什麼？」然後輪到小珍：「你好，我是小珍，我喜歡拍球，你喜不喜歡拍球？」

社交強心劑之三：早到的鳥兒有蟲吃

爲了避免小珍以後來者的身分不容易打入一群先到的孩子們

之中，爸爸和媽媽可以提早抵達聚會場所，這麼一來，小珍只需要和主人家的孩子（們）迅速地產生一些熟識的感覺和默契，即可因爲先來而鞏固了自己在小團體中的地位，也自然而然地免除了不被後到的孩子們所接受的擔憂。

爸爸還可以在此時趁勝追擊，更進一步地教導小珍：「等一會兒還有好多小朋友會來，他們有些年紀很小，有些很害羞，有些膽子小，小珍要幫忙招呼他們喔！」爸爸也可以先假裝是一個膽怯的小男孩，鼓勵小珍對他說：「來，我們一起來搭積木。」或是「你可以幫我推洋娃娃的小車嗎？」

社交強心劑之四：地陪導遊

就像是一個初入異邦的人需要識途老馬的陪伴與解說一般，當三歲的寶寶剛剛進入一個全然陌生的環境（餐館、友人的家或是其他聚會的場所），又立刻面對著一群完全陌生的面孔時，如果爸爸或媽媽能花點時間爲他做些「暖身」的工作，那麼孩子幼小的心靈必然會較爲安心、輕鬆，也較能抱著愉快與好奇的心態來衡量眼前的「新局勢」。

爸爸可以逐一爲小珍介紹在場的每一位小朋友，不僅僅是介紹姓名，同時還要深入地和每個孩子展開一些話題，開始一些遊戲，直到小珍看來已經非常自在、十分愉快地和同伴們專心地玩在一塊兒時，「地陪導遊」才算是「大功告成」，可以「功成身退」了。

社交強心劑之五：穩固的靠山

假如爸爸在使用了各種招數之後，小珍仍然是執意不肯合群地和其他的孩子們一起玩，那麼爸爸不妨陪伴小珍挑選幾樣玩具或是幾本童書，讓小珍安靜單獨地在爸爸的腿邊「自得其樂」一陣子。不必勉強，更不必強逼小珍在此時參加她尙且不覺得自在的新團體，但是請確定小珍能夠擁有充分的「觀察視野」，好使她可以依偎在爸爸身旁一邊安心地玩，一邊「眺望」其他小朋友們的活動，也許用不了半個小時的時間，小珍就會自動地加入其他兒童的歡笑之中而不自覺！

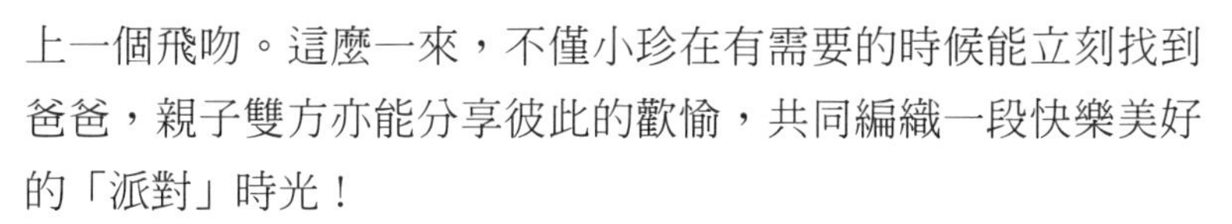

即使是在小珍已經快樂地和玩伴們打成一片之後，爸爸也仍然要記得隨時保持與小珍「視線」、「心靈」上的聯繫，每隔一陣子即彼此交換一個微笑，招一招手，甚至於送上一個飛吻。這麼一來，不僅小珍在有需要的時候能立刻找到爸爸，親子雙方亦能分享彼此的歡愉，共同編織一段快樂美好的「派對」時光！

久而久之，小珍可能會每隔一段時間就回到爸爸的身旁「磨蹭」一會兒，然後再投入玩伴們的活動中，而爸爸也可每隔一陣子即起身走向小珍，拍拍她的頭，親親她的小臉，讓她領會到「爸爸知道她玩得很開心，爸爸也因此而感到特別的高興。」

親愛的家長們，以上這五帖社交強心劑的效果極佳，您可以任意選擇其中一帖單獨使用，也可以五帖一起使用，相信很快的，您的寶寶就不會再在陌生的場合中怯場了！

當寶寶是小主人的時候

在深入討論了如何幫助三歲的寶寶順利參與陌生的團體之後，我們也願意爲家長們談一談另外一種情形，那就是當您和寶寶同爲大小主人的時候，您又該如何正確地引導孩子成爲一個熱情、友善、好客又懂得禮貌的小主人呢？

首先，請大方地容許寶寶加入事先的準備工作，耐心地為寶寶描述與說明每一位即將來到家中的小客人。此外，當您在清掃整理屋中各式用具與擺設時，不妨鼓勵寶寶將屬於他自己的遊戲場所也整理得有條有理，並且預先教導寶寶和來訪小客人們分享玩具的重要，建議寶寶先挑選出幾樣他最最心愛、不願與人共享和容易被弄壞的玩具，暫時由您收藏在一個安全的地方，然後再將寶寶願意和小朋友們一起共玩的玩具排列整齊，以供客人們自由選取玩耍。

其次，預先為寶寶仔細地說明，也許在來訪的小朋友當中會有幾位膽子比較小、比較害羞和容易緊張，寶寶身為小主人，應該盡力招呼和幫助這些孩子們打破心中的疑慮，開心地一同玩耍。家長們可以先利用一隻玩具狗熊作為「假想害羞小客人」，讓寶寶練習對著狗熊多說幾遍：「來，我們一起去看金魚缸」、「你想不想玩小火車」，或是「如果你肚子餓了，我可以幫你拿一塊蛋糕」等親切的邀請。

最重要的一點是，當客人們陸續抵達時，請您千萬別只顧著招呼自己的朋友，而完全忘了寶寶和他所面對的一大群新朋友們。請家長們務必要撥出幾分鐘的時間，逐一為寶寶介紹他的每一位小客人，然後，您還要為孩子們整晚的活動開個場，起個頭。例如：「小珍，你可不可以帶小傑去看看你的急救包？問問小傑願不願意和你一起玩醫生和護士的遊戲？」

你是一具弓，孩子是有生命的箭

整體而言，三歲的寶寶在身心方面的發展，已成熟到能夠參與團體活動（cooperative play）的地步，您會發現，寶寶不僅能夠成功地成為團體的一員，同時他還會十分的開心愉快、樂在其中！

然而，三歲的幼兒畢竟是「交際場合」中的「新鮮人」，他仍然需要大量的經驗來增進成長中的「社交能力」，他也需要時間來練習各種「學藝尚且不精」的「處世技巧」。即使是在我們成人眼中看來再自然不過的「一起看一本書」、「輪流洗手」和「不可以坐在別人身上」等等道理，對於三歲的幼兒而言，仍然都是他們努力學習的重要項目。

三歲的寶寶需要唯有父母所提供無比的支持、不斷的鼓勵和大量的安慰，才能使三歲的寶寶鼓起勇氣，滿備信心，揚起生命的風帆，穩健地駛向一個由許許多多的人所組成，屬於他自己的「海海人生」！

親愛的家長們，請別忘了：「你是一具弓，你的孩子是有生命的箭，藉你而射向前方……」（紀伯倫詩）。爲了培育孩子快樂又有自信的人生觀，請務必要勉力而爲，付出最大的愛心，造就一個好孩子、好朋友、好學生、好公民、好配偶和好家長！

別不讓寶寶做家事

不可否認的，在二十一世紀科技進步神速、生活步調極端緊湊的環境中長大的孩子，必須隨時分秒必爭地趕上大人的進度和時間表，他們是沒有權力慢條斯理地學習，更不被容許有做錯了再重來的機會。因此，有愈來愈多的小學生雖然會背誦九九乘法表、唐詩、三字經，會彈鋼琴、畫圖，甚至能夠操作複雜的電子音響設備，但是他不會自己繫鞋帶，不會自己拉上外套的拉鍊，更別提在家中幫忙摘豆芽、疊棉被和洗衣服了！

現代的家長們大多太過於忙碌，只要能夠節省時間，他們寧願次次自己動手，花十秒鐘的時間爲孩子繫鞋帶，也不肯

「浪費」五分鐘的「光陰」，等待孩子一遍又一遍地「弄好」他的鞋帶。也有些極富於愛心的父母們，不忍心讓孩子做這些「瑣碎、不重要和沒出息」的工作，因此舉凡「灑掃庭院，柴米油鹽」等一應的內務，全部都由家人爲寶寶代勞，完全不讓孩子爲這些「庶務」煩心。

回想只不過是半個世紀之前，幫忙做家事幾乎是每一個孩子在日常生活中都無法避免的責任和義務。從簡單的個人清潔衛生，到烹飪縫補，扶老攜幼，甚至於務農畜牧，協助家計，在在都是許多人成長過程中屢見不鮮的重要部分。孩子們能夠簡單地藉著日復一日的生活，切身領會到生命的規律與秩序！即使是一個三歲的小娃娃，當他在參與淘米煮飯的過程中生火的部分時，也會懂得自己在整件工作上所扮演的小螺絲釘角色，唯有在最恰當的時間、場地，才能發揮出最被需要的功用。經由日積月累，在和諧與有次序的生活訓練下，一個成長中的生命可以腳踏實地正確認清他所身處的世界，並躍然成爲管理這個世界的箇中高手。

因此，我們強力推薦家長們免費僱用您三歲的寶寶，多多讓他做家事，不要事事都將寶寶摒除在外，更不必因爲寶寶自己用肥皀水洗乾淨他的小茶杯而覺得心疼。提醒您，寶寶擁有學習的天職和權利，即使是他的動作很慢、錯誤百出，甚至於還會因而闖禍出紕漏，都請在可能的範圍內以愛心提供您的時間、忍耐和寬容。這些重要的學習和生活經驗必須要發生，也必定會花時間，爲了孩子的成長，親愛的家長們，
請您務必要勉力爲之！

睜開雙眼就有得學！

三歲大的寶寶，看起來既聰明又懂事，該早早送

他去學前教育班中好好地學些知識，以免浪費和埋沒了他的天分嗎？

其實不然！在寶寶目前所處的發展階段，每一個新的觀念、重要的理論和必須懂得的語法字彙，都要藉著落實於生活中的實際操作和活動，方能透澈地學得通和學得好。也就是說，只要是在寶寶不睡覺的時間，「活生生的過日子」，對他而言，就是最爲重要並且無法以任何其他方式所取代的學習。

舉個例子來說，「一起」這個片語所代表的意義，我們該如何讓三歲的寶寶明白呢？在一個嚴肅的課室中，這絕對是一項高難度的挑戰，然而在日常生活中，這卻是一個既溫馨又有趣、親子交流的大好機會！

對著寶寶眨眨眼睛，雙眼可以「一起」眨，也可以「不一起」眨；吃飯的時候，帶著寶寶坐在座位上將兩個膝蓋放在「一起」，雙腿併攏；摺衣服的時候，兩隻同樣的襪子要收在「一起」；招招手，請寶寶將桌上的蘋果和香蕉「一起」遞給您；書桌抽屜中，只要是鉛筆，不論各種顏色、長短和式樣，都可以「一起」放在一個盒子裡……。只要家長們願意付出一點點的心思和時間，相信寶寶必然能夠很快地就學會什麼是「一起」，並且還會舉一反三靈活地運用。

反義詞

高矮、胖瘦、輕重、黑白、多少、大小、寬窄、上下、左右、裡外、前後、快慢、開關、冷熱……等生活中常用的反義詞，是每一個孩子都必須早早就學會的重要觀念，有心的家長們不妨養成利用起居作息，隨時教導寶寶的好習慣。

倒大小兩杯水在桌上，對寶寶說：「瞧，*大*杯的給爸爸，爸爸是*大*人；*小*杯的給寶寶，寶寶是*小*孩。」出門旅行時，先拎起一個包包交給寶寶：「試試看，*重*不*重*？」再換一個包包遞給寶寶：「那個太*重*了，寶寶拎不動，這個是*輕*的，寶寶試試看，一定拿得動！」夜晚剛從室外進到屋內時，也可利用機會：「哇！屋子裡怎麼這麼*暗*，什麼都看不見了呢！」牽著寶寶的小手將電燈打開：「太好了，現在*亮*了。」晨起洗臉的時候，讓寶寶用一隻手指頭在您的監督之下，輕輕地試試面盆中的水溫：「不得了，是不是很*燙*？我們快點把*燙*水關掉，多放些*冷*水吧！」等一會兒，讓寶寶再試一試：「怎麼樣，現在*冷*了嗎？會不會太*冷*呢？」

等到寶寶對於一些常用的反義詞稍稍具有一些基本的概念時，家長們也可利用機會隨時幫助寶寶溫故知新，考考他的能力。

找機會問問寶寶：「這兩張椅子，哪一張是*高*的呢？」、「兩條香蕉，寶寶要吃*長*的還是*短*的啊？」、「一枝玫瑰花，該插在*胖*花瓶，還是*瘦*花瓶中呢？」如果寶寶回答錯了，家長們的反應不必太過強烈，只需不經意地繼續追問：「寶寶再看仔細一點，鳥巢是在樹*上*還是樹*下*呢？」、「媽媽覺得鳥巢在樹*上*，寶寶你說呢？」經過這種反覆的問答，寶寶對於他近來所新學會的許多反意字，將會有更深切、鮮明的認知與體會，並且也會更加懂得如何將其恰當地運用於生活之中。

胖，更胖，最胖

英文語法中「比較級」的用法，一向是成長中兒童不可缺少的「必修學分」，中文語法也不例外。懂得利用機會教育子女的家長們一定早已發現，當您帶著寶寶上市場購物的時候，正是孩子學習「比較級」的最佳時機。

您可以帶著寶寶一起挑橘子：「寶寶來幫媽媽挑一個*大*的橘子好嗎？」、「謝謝寶寶！」、「咦！寶寶你看，這兒怎麼還有一個*更大*的？」、「哇！爸爸手上拿的橘子比這兩個都還大，眞是一個*最大*的橘子！」

諸如以上所列出生活之中隨時隨處都可進行的機會教育，「教子有方」建議家長們務必好好把握，多多加以利用，以能在最短的時間之內，將各種重要的概念，事半功倍，並且一勞永逸地深植於寶寶迅速成長的意識之中，爲寶寶日後能踏出更加穩健的學習步履，奠定好扎實牢固的寶貴根基！

和寶寶同聲歡笑

三歲的寶寶是懂得幽默的，不論是在獨處或是與人相處的時候，他所表現出的滿心愉悅和喜樂逗趣，每每讓人情不自禁地聯想到民間信仰中永遠笑臉迎人的彌勒佛像。的確，「歡笑」正是每一個三歲的幼兒所擁有的一件超級寶物！

對於能夠以寶寶的眼光來瞭解並分享他的幽默感的家長們而言，生活之中難以計數的歡笑，必定是整個家庭中最美好的心靈清泉，不只能滌淨憂愁、煩惱，更能滋潤家庭成員所共享的生命經驗。

藉著寶寶稚氣單純、渾然天成的幽默感，爸爸、媽媽、哥哥、姊姊、爺爺、奶奶、外公、外婆等親人所共同發出的各種來自內心深處的笑聲組曲，將彼此交織輝映，如蕾絲花邊般把每一顆細膩多姿的心，無法分割地緊緊編織纏繞在一起。

仔細想想，人世間恐怕再也找不到比歡笑更有效的親情強力膠了！親愛的家長們，您也願意小試身手，練就一些「笑功」嗎？以下讓我們分別以「笑的學問」、「笑的藝術」和「笑的功課」，來和您共同分享寶寶的幽默感。

笑的學問

長幼有別

首先，讓我們一起來想一想，三歲寶寶的幽默感和一般成人的幽默感有些什麼不同呢？

一般來說，幼兒的幽默感是單純的、開放的，是一觸即發並且不經大腦的。想想看，光是推倒一個層層相疊的積木塔，是否已經足以引得寶寶捧著肚皮笑個不停呢？

與成人比較起來，兒童的幽默感多以視覺為導向，譬如說他會因爲爸爸突然打了一個噴嚏、做了一個滑稽的表情而爆笑不已，並且從此之後只要爸爸每打一個噴嚏，寶寶的「笑神經」就會立刻被啓動。反之，成人的幽默感就比較以聽覺為核心，相聲、脫口秀及各種笑話，往往能在短短的幾秒鐘之內，讓上千名的聽眾笑得連眼淚都流出來，就是最佳的寫照。

此外，幼小的孩童喜歡直截了當的「笑料」（例如，逗趣的卡通影片、耍寶的小丑和簡單如「你追我跑」的遊戲），而大人們則比較傾向於抽象及含蓄，需要猜一猜和想一想的「笑題」（如雙關語、俏皮話、詼諧戲謔和風趣的文章）。

一笑解千愁

近年來，已有愈來愈多的科學實驗，針對「笑」對於人體的實質效應做了許多的研究。醫學界已經發現，笑可以為人類的健康帶來的好處，居然多得令人吃驚！這些好處包括增加血氧的含量（提神、醒腦、增加活力……）、促進良好的呼吸機能（鍛鍊上下呼吸道、大小支氣管及肺的功能）、改善血壓（減少心臟負荷、降低中風機率……），以及強化心臟功能（減輕心臟及冠狀動脈血管方面的疾病）。

除此之外，醫學界更發現笑是一劑純天然配方，絕無副作用的神奇止痛劑！許多處於疼痛之中的病患，只要能夠開懷大笑片刻，一些原本需以強力止痛藥來控制的疼痛，似乎都可以得到相當程度的紓緩與減輕。科學研究亦已證實，當一個人放聲大笑的時候，自身體內所製造與分泌的止痛物質腦內咖（endorphins）也會隨之大量出現於血液之中。

因此，醫學界目前相信，歡笑與幽默對於一個人身心上的健康益處，實在是有百益而無一害！

笑的藝術

正如人世間許多的事物一般，笑也分兩面：正面的、快樂的、健康的笑，和負面的、傷人的、帶來苦楚的笑。明白一點地說，舉凡撓胳肢窩、腳板心的搔癢，嘲笑、取笑、甚至於譏笑，都是屬於負面的笑，一般人在生活中，對於這種負面的笑多半採取避之唯恐不及的態度。身爲成長中幼兒的父母們，則更應該仔細把關，小心不要讓負面的笑，毫無顧忌地入侵寶寶童稚與單純的生命範疇之中。

您也許會反問？搔癢不是一種親暱、逗人笑的好方法嗎？爲什麼會被歸納爲負面的笑呢？仔細想一想，怕癢的人都知道，當被搔癢時那種無助無奈的笑聲，恐怕其中也包含了許多憤怒與不悅的成分在內。俗語說「怕癢的男人都怕老婆」，不正是對於搔癢的人和被搔癢的人之間的微妙關係所做的一種十分傳神的比喻嗎？家長們請務必牢記在心，親子之間短暫的搔癢也許能夠帶來寶寶暫時的清脆笑聲，但是一旦過度，甚至於養成習慣，則十分容易演變爲一種另類的「迫害」。

那麼嘲笑與譏笑呢？想想看，您和家中的成員是不是經常會在有意無意之間，取笑寶寶言行舉止上的稚氣和不成熟呢？毫無心機、絕無惡意的嘲笑：「你們大家快來看，寶寶自己把兩隻鞋子穿反了，走起路來一拐一拐的眞好笑！」和不知不覺的譏笑：「唉呀，寶寶怎麼這麼笨哪，蠟筆又不是媽媽的口紅，你們看，小笨東西自己用蠟筆在臉上化妝哪！弄了一個大花臉，眞是滑稽！」

親愛的家長們，上述這種大人們「不是故意」的嘲笑與譏笑，雖然三歲寶寶成熟中的心智無法瞭解其中的深奧，但是他小小的心靈卻的的確確能夠感到深刻的難過和疼痛！

請您千萬要記住，自我嘲諷是一門高超的藝術，許多偉大的演說家都深諳其中的巧妙，懂得利用「幽自己一默」的方式來「博君一笑」，同時還可以藉機「給自己找個臺階」，爲原本嚴肅生澀和難堪的處境化解些許的張力。摸一摸鼻子，聳一聳肩膀，抽身遠觀問題的癥結，才能眞正達到「一笑解千愁」的境界，維繫自我體魄與心靈的健康。

相反的，嘲諷他人，尤其是自己三歲的寶寶，則會導致負面的效果！因此，《教子有方》建議家長們除了開始練習多多和寶寶同聲歡笑（例如，一起吹肥皂泡泡）和自我幽默（例如：「唉！我怎麼這麼呆，把糖當成鹽了呢？」），同時也要竭盡所能地避免以寶寶的失敗和缺點爲笑的根源，如此，您的家庭才能眞正合格地被肯定是懂得「笑的藝術」喔！

笑的功課

在您繼續閱讀下文之前，我們邀請您暫停幾分鐘，放下此書仔細回想一下，您最近一次開懷大笑是在多久以前發生的？而您最近一次和寶寶一同放聲大笑，又是在多久之前？

如果您對於這兩個問題的回答全都是超過二十四小時、一個星期、一個月，甚至於更久，那麼《教子有方》建議您要快快的正視這個有關於家庭「生活品質」的檢定標準，並且更進一步採取一些實際的行動來改善這個情況。

以下我們爲您列出幾個簡單又輕鬆的「笑引子」，您只要按部就班照著做，必能爲家人開鑿出大量的歡樂泉源！

- 每天抽幾分鐘的時間爲寶寶讀幾本內容好笑有趣、插圖討喜逗人的兒童讀物。
- 坐下來陪著寶寶，或是帶著寶寶看一小段好笑的電視節目或錄影帶。
- 「親自下海」陪寶寶玩一些開心的遊戲，例如，「躲貓貓」、「大風吹」和「剪刀、石頭、布」。
- 準備一本「歡笑傳家寶」，將日常生活中所發生好玩、有趣、引人發笑的事件，以文字、圖畫、相片等方式全部記錄在一本剪貼簿中，每天可抽出一些時間和寶寶重溫過去的歡笑，讓這些寶貴的甜蜜經驗永遠不被遺忘，不只存在於記憶之中，還能鮮活溫馨地隨時跳躍於生活之中。

總括此文，寶寶與父母、親人之間所共享的歡樂笑聲，不僅能夠有效地對抗憂愁和壓力，更能幫助親子雙方共同發展出一種積極與正面的人生觀。親愛的家長們，在您每日忙碌的生活步調中，可千萬要想辦法好好地掌握許許多多的「快樂」，別讓歡笑的精靈匆匆地從眼角眉梢之間轉瞬即一溜煙不見蹤影，永遠無法再尋回。

《教子有方》祝福您和寶寶能夠天天笑口常開，歡樂滿籮筐！

調和寶寶信心的原料

每一個孩子在成長的過程中都需要能夠擁有被愛、被挑戰和能幹的感覺，這三樣原料，也正是塑造一個充滿健康自信的人格，所不可或缺的基本要素。

被愛的感覺

每一個人在生命之中，包括大人和小孩，都需要擁有足夠的被愛的感覺，這些被愛的感覺愈能早早的在生命中填滿心中的渴求，一個健全和自信的人格也就愈能早早地凸顯出來。

我們明白「天下無不愛子女的父母」，表達父愛和母愛的方式也各有不同，但是如何能讓寶寶眞眞實實地感受到您的愛，則是需要您的一些慧心和巧思了！以下我們列出幾個簡單的例子，供讀者們作爲參考和自由變化的基準：

- 在每一天之中，或是一個星期之中，固定安排一個只屬於您與寶寶單獨相處的時間，共同做一些令兩人都覺得開心的事。逛街、買菜、洗車、摺衣服、爲寶寶洗個全身香噴噴的泡泡澡、整理花園等，都可以是「一石多鳥」的好主意。
- 爲寶寶保留一本成長紀念冊，其中可添加的紀錄，包括一片指甲、一撮頭髮、一張特別的畫作、一卷寶寶說說唱唱的錄音帶、寶寶拍皮球的錄影帶……等。
- 另外也爲寶寶記錄一本逸事集，隨著日期，用簡單的文字記下寶寶的趣事，以作爲日後共享甜蜜回憶的寶庫。
- 在寶寶每一年生日或是特定的日子裡，寫一封文情並茂的卡片寄給他，在其中毫無保留地寫下您有多麼多麼的愛他。找一個特別的盒子，爲寶寶將這些卡片全部仔仔細細地收藏與保存起來。

被挑戰的感覺

在兒童自信人格陶冶的過程中，與其心智發展能力相當的「挑戰」，也是絕對不可缺少的重要元素！《教子有方》從寶寶剛出生直到寶寶六歲之間，每一個月爲家長們所列出的各式活動，即正是針對這項重點所精心設計的全方位成長挑戰。

以下是一些挑戰寶寶心智的竅門與必須注意的事項：

- 太容易的活動會令寶寶失去興趣，很快就感到無聊、沒有意思。
- 過分困難的活動則會因爲屢屢的挫折失敗，而引發寶寶的自卑情緒。
- 難易適中、針對寶寶發展程度而設計的挑戰，能讓寶寶在跨越難題後領略到成功的滋味，如此的經驗，將能引導寶寶肯定自我，並爲自己的成就感到欣慰。

能幹的感覺

簡單的說，能幹的感覺就是自知自覺是個有用的人的意識，除此之外，寶寶也必須學會如何看清楚自我的極限。

身爲父母的您，可以利用以下幾種方式，不著痕跡地幫助寶寶整理這份重要的感覺：

- 多多教導並鼓勵寶寶爲自己做事，當寶寶擁有獨立自治生活的能力時，「我很能幹，我可以照料自己，不必他人幫忙」的自信即會不由自主地油然而生。
- 當寶寶尚在學習的過程中時，請多多鼓勵並獎賞他的努力，而不要造成寶寶「唯有當我做成功時，爸爸才會高興，才會說我好，才會為我拍手」的錯覺。

- 幫助孩子跌倒了再爬起來，勇敢地從錯誤中學習，並且接受自己的不足與有限。

寶寶自信的大敵

以下我們為父母們列出一些摧毀兒童自信心的強力炸藥，請家長們務必銘記於心，小心避免！

- 迂腐、冬烘與陳舊的觀念，例如，「男孩子不可以哭」、「女孩子一定要穿裙子」和「女孩子才能玩芭比娃娃，男孩子才能爬樹」等的想法，最容易泯滅一個生命最眞實、未經矯飾、毫不造作的天眞本性。
- 負面的暱稱、玩笑和小名，例如，小呆瓜、肥仔、胖妹、慢摸摸、摔跤大王等，敬請百分之一百排除在寶寶的生命之外。
- 情不自禁的比較，必會使得寶寶自覺不如他人，而喪失了對於自我的信心。因此，請父母們要隨時三思而言，別一衝口即：「隔壁的王小弟已經可以吃兩碗飯了，寶寶怎麼胃口這麼小啊！」或是「哥哥三歲的時候已經會自己洗澡了，寶寶你怎麼還學不會呢？」

學術研究報告早已一再清楚地指出，凡是擁有高度自信心的孩子，他們的父母不約而同所做的一件相同的事，就是成功地為孩子營造了一個正面的、「我可以」的生活氛圍和環境。

要知道，一個孩子的健康自信心是不會平白無故、憑空而發生的！父母們正確、刻意及耐心的引導，讓孩子經年累月浸淫於愛、於挑戰、於「我很能幹」的感受之中，絕對是不可偷工減料且無法取代的必經之道。

走，咱們去散個步吧！

散步，除了是一項能夠增益身體健康的活動，也是一種能夠鬆弛情緒、舒減壓力、培養親子關係的好方法。

當您牽著寶寶的小手一同去散步的時候，別忘了要趁機將這一趟或長或短的腳程，巧妙地變化爲滿足寶寶好奇心的「探險搜奇之旅」！

隨機、隨興地拓寬寶寶觸覺、聽覺、味覺、嗅覺及視覺的空間，不論是林間小道、香榭大道或是城市走廊，只要家長們願意付出一些些慧心與巧思，必能信手捻來無數的「優良教材」，寓教於樂地將單純的散步，充實並升等爲難以重複的「黃金假期」。

和寶寶有一搭沒一搭地閒聊：「瞧，這棵樹的葉子變紅了，寶寶知道秋天到了嗎？」、「天上這一大朵白雲，寶寶看看，像什麼啊？」、「這兒怎麼這麼香啊？寶寶猜猜圍牆內的一家人晚飯吃的是什麼菜呢？」、「前面那棵大樹，我們去抱一抱，看看它是否又長胖了一些？」……等。以上只是一些簡單的例子，親愛的家長們，請別擔心自己的想像力與創意不足，您只需要稍微練習幾次，再加上寶寶在一旁不停的幫腔和指點，用不了多久的時間，您必然能成爲一位「散步教學」的好手！

提醒您！

- ❖ 先備妥幾貼「社交強心劑」，再幫助寶寶打開他的社交之門。
- ❖ 要忍心多多鼓勵寶寶做家事！
- ❖ 別忘了抽出時間和寶寶同聲歡笑！
- ❖ 深深地愛他，適當地挑戰他，容許他能幹地表現自我！

迴 響

親愛的《教子有方》：

原先以為《教子有方》只是和坊間許多育兒雜誌大同小異的另外一本書，沒想到仔細讀完每月精闢的內容之後，竟然使我對於小兒的成長與發展茅塞頓開！

在訂閱第一套《教子有方》之後，我們再添了一個男孩，近來我又將舊有的《教子有方》拿出來逐月仔細地研讀，深怕遺漏了什麼重要的事項。

謝謝您們創作了這套珍貴的月刊！

唐美雪

美國亞歷桑那州

第二個月

膨脹中的話匣子

在您的寶寶上小學之前，他的語言字彙將會大量的累積並且飛快地膨脹。知道嗎？一年以前當寶寶兩歲的時候，他擁有差不多三百個字左右的字彙，將會在四歲之前擴充五倍，變成一千五百字，而等到寶寶六歲的時候，他個人專屬的字彙庫中將會儲存至少八千到一萬四千個單字！

有心的家長們可以藉著和寶寶說話，聽聽他高談闊論，念書給寶寶聽，以及有問有答的聊天，參與這項累積字彙的大工程，幫助孩子將這個重要的知識基礎打造得既穩固又龐大。

除了單字之外，您應該已經能從三歲寶寶的語法中聽出現在式、過去式、名詞、動詞、介系詞、甚至於誇張的形容詞等繁複花俏的文法。

當然囉，因著寶寶顯著進步的語言能力而深感驕傲的家長們，難免也會不時地聽到寶寶所犯的錯誤。簡單的歸納三歲幼兒說話時所經常容易出毛病的語法，包括了「張冠李戴」、文法的混淆使用和「偷工減料」。

張冠李戴

這裡指的是詞語的誤用，例如，「到」相機（照相機），「搬」茄醬（番茄醬）和樓伯伯（蘿蔔糕）等，屬於三歲寶寶稚氣可愛的錯誤。

混淆文法

文法中，三歲寶寶最容易弄不清楚時間的順序，例如，「我們『昨天』（指的是明天）可以去動物園嗎？」、「今天

『下午』（指的是上午）我已經喝過牛奶了！」等等。恰當地使用形容詞，對於一般三歲的幼兒來說，也是一個比較難以掌握的語言技巧，例如，「冰淇淋『多麼』（很）好吃」，「我『有一點』（非常）累，想睡覺了！」等等，都是父母們經常會聽到且需要費心猜猜看的「三歲語病」。

偷工減料

這裡指的是寶寶會不由自主地省略一些字，使得一個句子產生許多的「坑坑洞洞」。想想看，類似於「媽媽，我『玩車』（我要玩電動小車）」、「穿帽衣服（有帽子的衣服）出去玩」等的話語，聽來是否十分耳熟？您的三歲寶寶是否也經常會「偷工減料」地說一些您在猛然間聽不太懂的話呢？

正如《教子有方》一直以來所強調的，當家長們面對寶寶這些林林總總，令人又好笑又好氣的「另類語言」時，不斷地為寶寶點出錯誤，反覆地糾正他，只會使孩子幼小的心靈感受到強烈的挫折、沮喪，甚至於羞辱的感覺，這種來自於父母的「求好心切」不僅不會幫助孩子學得更快、更好，反而十分容易使原本喋喋不休的小小話匣子改為採取「多說多錯，不說不錯」的新策略——就此封口，不再繼續這項寶貴的語言練習！

父母們在此時唯一能夠幫助寶寶逐漸「改邪歸正」的辦法，就是忠實、誠懇且不斷地將寶寶所說的話，立即修改更正，大聲地重述一遍、兩遍，甚至於更多遍。例如，當寶寶說：「我們『去』（回）家換『服』（衣服）」時，請您絕對不可大驚小怪，不可面露失望神情，更不可生氣責罵，務必要做到完全不動聲色。如果您實在是忍俊不住地想發笑，也只能「皮笑肉不笑」，然後以禮貌、客氣和關心的口氣，立即回答寶寶：「寶寶乖，媽媽聽到你說：『我們回家換衣服』，等我一下，我馬上帶你『回家換衣服』！」

如此，寶寶得到自我更正的學習機會，家長們也可避免從錯誤的角度出發，而挫敗了孩子的自尊心與繼續學習的勇氣。親愛的家長們，爲了幫助您小小話匣子的蓬勃成長與快速進階，請別忘了要勉力多多「覆誦」更正後的寶寶的話喔！

視力測驗，聽力測驗，語言測驗

三歲是一個神奇的年齡，當寶寶達到了這個成長里程碑時，您會在突然之間發覺他已能流暢無阻地與人溝通，並且毫無阻礙地表達自我了。

正是因爲寶寶此時可以清楚地讓人知道他所見到、所聽到和所能說出的一切，這也是檢定孩子視力、聽力及語言能力的最佳時機。有許多孩童在成長發育過程中常見的障礙和遲緩，都是可以經由早期發現、早期矯正治療而完全康復，並且不會留下任何痕跡與後遺症。

及早發現孩子成長的問題，該由誰來把關呢？讀者們也許會直覺的認爲小兒科醫師，甚至於幼兒園的老師應該是最佳的人選。沒錯，小兒科醫師擁有深厚的醫學知識和臨床經驗，幼教老師們對於兒童的發展特徵具有嫻熟的認知能力，然而，根據各方研究報告共同的指向，父母和親人，才是站在最前線爲孩子正常發展把關的先鋒哨兵！

許多小兒科醫師們會主動地觀察幼兒的成熟程度，而在孩子一旦能懂事到足以成功地配合完成測試時，即儘早測驗他們的視力和聽力，以期早日發現問題，避免延誤治療的時機。

在小兒科診所中，常見的視力測驗是利用「E」字形的海報，讓幼兒在一定距離之外，以他的方式指出「E」的開口走向；聽力測驗則是利用耳機傳出高低頻率不同的音波，請孩子在聽到「嗶」聲時舉手或拍手，來測知聽覺能力；測驗語言能力時，醫師會要求幼兒從一張紙或是一本書中指出特定的人物或圖案，簡單地以他的方式說說看圖畫中所正在發生的事，以及重複醫師所做的看圖說話，例如：「這匹白馬正在吃草」、「小船上有一隻狗在汪汪叫。」

以上這種測驗通常只是在孩子每年正常體檢時才會發生，而有少數的小兒科醫師會因為種種原因而省略，或是疏漏沒有進行這些重要的測驗。細心的家長們除了可以善意地提醒醫護人員，也可以在日常生活中，以簡單的方式隨時測試孩子的感官知覺。

逛街的時候，父母可以指著廣告招牌問寶寶：「大皮球上紅紅的是什麼啊？」試試看寶寶是否看得清楚紅色的小鳥，甚至於小鳥口中所啣的一朵黃色的花。

您可以趁寶寶不注意時輕輕在他背後喊他的名字，測測他的聽力反應；您也可以請寶寶閉上雙眼，用小手指出搖晃一串鑰匙的聲音來自於何方；您還可以讓寶寶將手錶貼在耳朵上專心聽，在聽到秒針「滴答」的聲音時，寶寶可以快快地舉手表示聽到了。

至於語言能力方面，一般來說，女孩子發展得比較快，大約在她們兩歲到兩歲半之間時，多半都已能流利地與人交談了。反之，男孩子們在三歲之前雖然聽得懂，也很聽話，但許多男孩仍要等到三歲以後才會開口說出成串的字句。家長們可以比照上述醫師診所所使用的模式，依樣畫葫蘆，經常利用看圖指認和看圖說故事的方法，來測試寶寶語言能力的發展。

藉著這些簡單又有趣的方式，家長們不必等到每年一次的健康檢查，即可高枕無憂地確知寶寶的視力、聽力和語言發展有沒有問題。而一旦問題發生的時候，也可立即察覺，即時展開診斷與醫療，不會浪費絲毫寶貴的矯正時機。此外，這些測驗其實是十分有意思的親子活動，您和三歲的寶寶將因此共享許多快樂的時光。親愛的家長們，對於本文所列一舉多得的感官知覺自我測試活動，您何不養成習慣，定時和寶寶「同樂」一番呢？

隔壁王太太為什麼這麼會教孩子？

您是否曾經百思不解，為什麼王太太可以不費吹灰之力，就使三歲的兒子這麼聽她的話？而您自己則經常為了想辦法讓「頑固、倔強、喜歡反抗」的女兒就範，費盡了九牛二虎之力，仍然弄得焦頭爛額，無功而退呢？

在回答這個問題之前，讓我們先來分享一份研究親子之間溝通方式的學術報告。在這一個研究中，學者們邀請了一群母親和她們的孩子，規定每一位母親都要用她自己的方式，將一個「分類物體」的遊戲規則解釋給她的孩子聽，還要負責將孩子教會如何正確地玩這個遊戲。

當每一個孩子都學會了這個遊戲之後，學者們仔細分析媽媽們的各種教法，發現到這些母親的方法，竟然不約而同地只能分類歸納成以下所列的兩種類型：

低姿態的溝通

屬於這一類型的媽媽們在教小孩的時候，她們放低自己的姿態，將所要傳達的知識訊息，簡單、清楚、明確、扼要地以平行的角度，禮貌地切入。與其說這些媽媽會教孩子，倒不如說她們懂得如何才能藉著成功的溝通來引導孩子！

值得一提的是，屬於這一類型的媽媽，她們的語調雖然輕鬆，神色雖然柔和，討論的內容雖然有趣好玩，但是她們卻能將重要的知識乾淨俐落、不偏不倚地完全傾注於孩子的腦海之中。

以下是「低姿態的溝通媽媽」在教孩子時的談話內容：

- 「喔！我還可以告訴你另外一個玩法，保證你一定會喜歡！」
- 「瞧，這塊積木是紅色的！小強還記不記得剛剛媽媽說過，我們要把紅色的積木全部堆在這一堆？來，小強來把這塊紅色的積木放好。」
- 「老師說媽媽一定要教會你玩這個遊戲！如果寶寶坐好，不說話讓媽媽玩幾遍給你看，你一定能很快的學會，那麼我們就可以再玩一些別的遊戲！好嗎？」

高姿態的訓導

比較起來，訓導組的媽媽們採用的是十分嚴肅和權威的立場，她們十分著重於知識的本質，相對而言，受教者的感受也往往容易被拋到九霄雲外。

這一組的媽媽們非常努力和認眞，一遍又一遍地爲寶寶講解和說明，即使經常因爲寶寶的分心而遭打斷，她們仍然努力不懈，堅毅不放棄地直到寶寶學會了爲止。然而，不知怎麼地，她們的孩子不但比較不愛學，學得也比較慢，甚至於還比較調皮不受教。

親愛的讀者們，您心中對於這項研究發現感到詫異嗎？試試看，如果您以孩子的立場來聽聽這些媽媽的教導，您的反應會是如何？

- 「快點過來坐好，小強，你還有一樣玩法沒有學會，坐好，現在我來教你，不許動，也不可以說話！」
- 「錯，錯，錯！我剛才不是已經教過你了嗎？紅色的積木全部都要放在那一堆？怎麼搞得？是忘記了？還是沒有聽清楚？現在你自己把這塊紅色的積木放回正確的地方！」

- 「不准再東跑西跑了，老師說你應該要學會這個遊戲，到現在還是一點都不懂！再不趕快乖乖坐好聽我教你，我要告訴老師趕你出去囉！聽話，不許亂跑！」

親愛的家長們，在聽完了以上這些充滿高壓、要挾、單刀直入的訓導之後，您心中的感覺如何？是否也會像一個三歲小孩一樣心生恐慌，很想棄甲投降，不願再學了呢？

讀到此處，如果我們現在請您回頭想一想本文一開始時所提出的問題：「爲什麼王太太這麼會教孩子？」您是否已經猜到正確的答案了呢？

沒錯，王太太並不是比較幸運，生了一個天生乖巧、聽話、不反抗又好學的好孩子，而是王太太懂得以低姿態的溝通方式來教導孩子，將有趣的知識一目了然地呈現在孩子面前，讓孩子看了之後不由得怦然心動，而主動地將新知一古腦兒地全部接收。

當有了這一層的瞭解之後，親愛的家長，如果您再仔細觀察一下三歲的寶寶，是否可以看出他其實並不調皮，不淘氣，而且還是一個乖巧好學的好孩子呢？當您利用低姿態的溝通方式來教導寶寶時，不論是生活中或是書本上的知識，他都必能學得又快、又好，令您滿意得不得了！

全方位升等

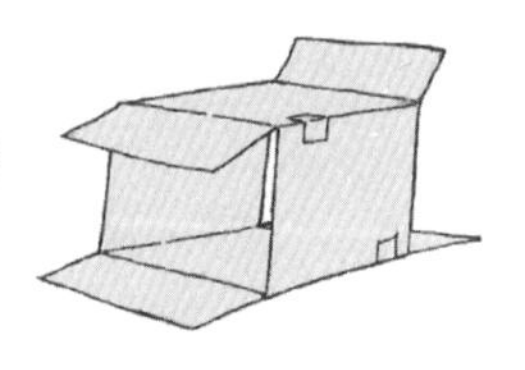

親愛的家長們，您願意利用上文中所述「低姿態的溝通方式」來幫助寶寶的心

智發展，精益求精，高人一等嗎？以下我們將爲您列出許多有效的親子活動，使寶寶能在不經意間，學會如何能夠觀察得更精確，思考得更周密，言語的表達更有效力。

提升準確觀察能力的活動

「如果我們放手讓這個小球掉在地板上，小球會怎麼樣？」

「如果我們把玩具小卡車放在這個樓梯扶手上，會怎麼樣？」

提升組織能力的活動

「寶寶能說出幾種會飛的東西嗎？」「會走路的？」「綠色的？」

提升對於周遭環境靈敏感覺的活動

「寶寶會不會學做一隻狗？一隻大象？一匹馬？小兔子？小蜜蜂？……」

「假裝寶寶你是醫生，你該做些什麼事？」「是農夫……」「是書店老闆……」

提升認知能力的活動

「紅色的水彩和藍色的水彩混和之後會是什麼顏色？」

「瞧，天邊的夕陽有多美！太陽下山之後會怎麼樣呢？」

「如果我們把漂在水上的小水桶裝滿了水，會怎麼樣呢？」

提升創意想像力的活動

「從前有一隻小綿羊……，寶寶，你可不可以接下去說這個故事呢？」

「這一個把手壞了的小杯子，寶寶幫忙想想看，可以用來做什麼好呢？」

「天邊的那一座山，看起來像什麼呢？」

提升生命彈性的活動

- 在一張空白的紙上隨意滴一些顏料，讓寶寶接著自由完成一幅由色漬而產生的美麗創作。
- 用厚紙剪出一些方形、圓形、三角形等不同的形狀，任意讓寶寶在桌上排列組合成不同的圖案。
- 鼓勵寶寶用積木搭建高塔、橋梁、房屋等不同的建築物。
- 幫助寶寶從報章雜誌上剪下不同的圖片，然後任由他利用膠水將這些圖片「美美地」貼在一張紙上。

該吃些什麼好呢？

在飲食營養方面，生長於二十一世紀富足社會中的兒童，雖然不必擔憂吃不飽、喝不夠，更不必害怕會發生營養不足、生長發育不良的狀況，但是父母們在幼兒的飲食課題上，卻似乎必須更加小心、謹慎，不能掉以輕心！

原因在於現代社會中處處講求迅速、便利，因之而產生的速食文化一發不可收拾，雖然滿足了現代人免買、免洗、免煮、免善後的飲食需求，但也同時將高脂肪、高糖分、高熱量、低纖維的食物大量地帶進了每一個家庭的餐桌上。

我們都知道「要怎麼收穫先怎麼栽」的道理，同樣的，「吃什麼就長什麼」的道理想必也不難理解。不健康的飲食除了會誤導幼兒未來長遠一生的飲食習慣，更會直接地影響到孩子目前的身心生長與發育。

毋庸置疑的，三歲寶寶需要大量的卡路里來應付每日活動所消耗的熱量，並且提供他快速成長所必需的能量。寶寶所吃的食物不僅僅是他生命活力的全部來源，更直接地左右著骨骼肌肉的生長、免疫的功能和整體的健康。

那麼，也許您會問：「寶寶該吃些什麼才好呢？」、「有沒有一套固定的食譜可以遵循呢？」

簡單的說，每一個成長中的幼兒每日都需要攝取足夠及均衡分配的碳水化合物、蛋白質、脂肪、維生素、礦物質和水分，爲了合理地將這個目標落實於實際的生活中，美國農業部（U. S. Department of Agriculture）所設計的健康飲食三角指南（Food Guide Pyramid）似乎是目前所見的最佳方法，以下我們將爲家長們歸納此份飲食指南的重點。

健康飲食三角指南

此份指南將日用飲食分爲以下六大類：

1. 米飯、麵食、麵包以及各式五穀雜糧。寶寶每日宜攝取六份基本用量（每一份用量相當於半碗白飯或麵條，一片麵包，一盎司美式早餐乾麥片）。

2. 蔬菜類。寶寶必須藉著攝取足量不同種類的蔬菜及水果，方能避免某些維生素及礦物質的缺乏。建議每日食用三份基本用量（每一份用量相當於半碗煮熟的青菜或切碎的蔬菜，一碗大片的生菜）。

3. 水果類（詳見2.蔬菜類）。建議每日食用兩份基本用量（每一份用量相當於一片西瓜，一顆橘子、蘋果或一根香蕉，半杯罐頭水果，四分之一杯水果乾）。

4. 奶類及奶製品。牛奶、優酪、起司、冰淇淋等奶品，提供優等的蛋白質、鈣質及重要的維生素。建議每日食用兩份基本用量（每一份用量相當於一杯牛奶、優酪，兩盎司起司）。

5. 肉類、蛋類、豆類及乾果類。動物的肉品、蛋、黃豆等莢豆及花生、核桃等乾果類，提供優質的蛋白質、鐵質及重要的維生素。建議每日食用兩份基本用量（每一份用量相當於一盎司瘦肉，一顆蛋、半碗煮熟的莢豆，兩湯匙花生醬，半碗豆腐）。

6. 食用油、動物脂肪及精製甜食。此類垃圾食物僅僅提供熱量，卻不含任何其他重要營養成分，因此建議愈少食用愈好。

穩穩當當健康不倒翁

如果將以上六種食物每天攝取的分量按照順序層層往上搭（米飯麵食在最下層，蔬菜水果合組第二層，奶蛋肉類共組第三層，垃圾食物在最上層）時，結果看起來像是一座底部寬大平穩、上部均勻遞減的金字塔，家長們便可以安心地確認寶寶的飲食攝取是健康無誤的。

反之，如果所搭建的金字塔是底窄頭寬（也就是米麵澱粉、蔬菜水果吃得少，奶蛋肉類及垃圾食物吃得多），那麼這種搖搖欲墜的飲食方式，即值得父母們及早幫助寶寶努力重整，改善習慣，以避免飲食不當造成生長與發育的不良後果。

寶寶，你的房間整理好了嗎？

還記得我們曾在「別不讓寶寶做家事」一文中為您強調的重點嗎？三歲的寶寶需要有機會親自參與日常生活的實際流程與作業，他也需要真正自覺是家庭中的一分子。為了要達到這個目的，最好的方法就是及早幫助寶寶學會自己整理內務，懂得如何保持一種井然有序、組織分明的生活方式。

現在讓我們從寶寶個人的小天地開始著手，請您先想一想，不論是一張小床、一間房間或是一個角落，寶寶是否擁有一個專屬於他的生活空間？在這個小小的天地之中，寶寶應該可以輕鬆自在地進行他想做的事，但是寶寶也必須開始練習自行打理這個場所，負責保持其中的整齊和次序。

「內務」時間

爲寶寶在一天之中挑選一個固定的「內務」時間，養成他在這段時間整理「責任屬地」的好習慣。不論是早晨剛起床之後、午睡之前、晚餐之後或是夜晚就寢之前，只要是合情合理的選擇，並且也是父母能夠督導和協助的時間，即使只有短短的幾分鐘，都可以用來讓寶寶整理他的內務。

物歸原處

在「內務」時間中，寶寶該做些什麼事呢？其實很簡單，他的任務只有一項，那就是「物歸原處」！

在寶寶學習「物歸原處」之前，家長們必須先爲寶寶責任屬地裡的每一樣物品都分門別類地「定位」，只要寶寶能弄清楚他的玩具、書籍、卡帶、衣服、襪子等一應物品各自位在何處，那麼他只要「對號入座」地將散置各處的東西，逐一歸回原處，小小的天地自然就會顯得整齊清爽了。

久而久之，寶寶會在每日「物歸原處」的練習中，漸漸地弄清楚原來玩具熊和布娃娃是一起放在窗臺上；大本的書放在書櫃的上層，小本的在下層；錄音帶放進大的盒子中，磁碟則是小的盒子；凡是拼圖都在桌子右邊的大抽屜裡，積木則在桌子旁的紙箱中。也就是說，寶寶會「自然而然地」懂得物體和空間之間巧妙的相對關係，以及物體在三度空間中「物以外形相似而聚在一處」的道理。

物以類聚

父母們還可以帶著寶寶一同處理清洗好的寶寶衣服。您不妨和寶寶一同坐在他小小的衣櫃前，每當您摺好一件衣物，就遞給寶寶，請他放回衣櫃中正確的地方，寶寶除了會弄明白內衣、外衣、襪子、手帕個別的歸處，更會慢慢地懂得爲什麼內衣和內褲是放在同一個抽屜裡，長袖上衣和長褲收在一起，短袖上衣和短褲則收在另一個角落，手套、圍巾和帽子同在一處，外套、雨衣則是並排掛在衣櫃中。

這些因著使用方式不同而產生抽象式的歸類法則，對於三歲的幼兒來說，並不是一個易懂易學的科目，但是對於做慣了「家事」的寶寶而言，卻是輕而易舉，不費吹灰之力呢！

豈只是「鬼畫符」？

幾乎每一個三歲大的孩子都愛「畫」。他們稚氣的小手只要一碰上胖胖的蠟筆、爸爸的簽字筆、桌上的原子筆、抽屜中的鉛筆，甚至於媽媽皮包內的眉筆和口紅，就會情不自禁地畫個不停。寶寶喜歡畫一個接一個大小不同的圓圈圈，鋸齒形的折線，整片模糊不清、東一點西一點的斑點……，他畫在報紙上、信封上、便條上、餐桌上、冰箱上、電腦螢幕上，甚至於客廳的牆上和大門上！

您也許會受不了地大叫：「天哪！到處都是寶寶的鬼畫符！」

然而，寶寶的鬼畫符卻不是單純的「亂畫」。

這些看似毫無意義的圓弧、線條，深深淺淺的顏色，會漸漸地演變成一個氣球、一條鐵軌、一道彩虹和池水中的天光雲影，再經過一段時間，寶寶的信手亂畫，也會衍生出日後「點」、「挪」、「勾」、「撇」、「挑」等的書寫能力。

因此，與其採取「圍堵」的方法來防止寶寶將他所到之處，在幾秒鐘之內即以他的「鬼畫符」破壞怠盡，《教子有方》建議家長們效法古時大禹治水「疏通引導」的精神，「順水推舟」地爲寶寶「塗鴨」的練習，賦予強大的動力和重要的意義。

爲寶寶準備各式各樣的畫具和許許多多的畫紙，規劃一個寶寶可以在其中任意揮灑創作的作畫區，讓他可以隨時盡情安心地發洩心中作畫的慾望與衝動。

對於寶寶各式的得意大作，父母們更應該抱著欣賞藝術品的眼光，給予寶寶適當的評價、肯定和鼓勵。也就是說，請您儘量使用「喜歡」或「不喜歡」來表達心中的想法，而要避免以「好」或「不好」等主觀的字眼來論斷。您可以對寶寶說：「告訴媽媽，你畫的是什麼啊？」「嗯，我喜歡這些粉紅色的橢圓形。」、「哇！這一大團綠綠黑黑的是什麼？媽媽看了有點怕怕的喔！」千萬別直截了當地回答：「你畫的是大白鵝嗎？怎麼一點也不像！重畫一張試試看！」、「怎麼會有人的眼睛是粉紅色的呢？太離譜了吧！寶寶你自己去照照鏡子，看看眼睛是什麼顏色！」、「只有這隻青蛙還勉強看得出來是一隻瘦青蛙。」

不論是巨幅的潑墨，或是三寸見方的小紙片，您都可以帶著寶寶愼重地將他的精心創作一起用磁鐵貼在冰箱門上、釘在牆上或是配個框子裝裱起來。別忘了，在寶寶小小的心中，這些「鬼畫符」全是他的藝術創作，也是他藉以表達內心感受的憑藉。親愛的家長們，別忘了畢卡索小的時候也曾經漫天漫地的到處塗鴨、「鬼畫符」喔！

好爸爸、好媽媽的特質

曾經有學術研究利用科學家辯證的方法，針對那些子女發展進度良好的父母們，進行了嚴謹的特質比較與對照。這些家長們來自不同的社會層面，擁有不同的教育程度、不同的職業，以及不同的收入。在經過了一系列的科學比對之後，子女表現最為出色的父母們躍然呈現出幾項明顯的共同特徵。親愛的家長們，以下我們就將這些成功父母們的特質逐一列出，作為您教育子女的重要參考：

- 成功的父母對他們的孩子說很多的話，在孩子面前，他們絕對是非常健談的。
- 成功的父母大方地容許孩子表達自我的想法，並且幫助孩子鼓起勇氣以行為來實現他們的想法。
- 成功的父母是善於懲戒的，他們不高聲怒罵，不動手責打，但是他們以合理的原則，堅持不放鬆對於子女的懲戒。
- 成功的父母願意以耐心及等待換取孩子大量的學習機會。他們會停下手邊的工作來回答孩子的問題，他們會在孩子自己將一顆橘子剝得坑坑疤疤、滿目瘡痍之後，若無其事地繼續將橘子剝好，他們更可以做到為了回答寶寶：「胡椒粉可以加在果汁裡嗎？」的問題，而由著寶寶自己調配一杯加了胡椒粉的蘋果汁，甚至還願意和寶寶一人一口嚐嚐看胡椒果汁的味道。
- 成功的父母總是讚美、肯定並鼓勵自己的孩子，但是他們並不會一頭栽入孩子的世界，而仍保有健全的自我生活與重心。

- 最後的一點，不論孩子長得多大了，成功的父母總是深深地愛著他們的孩子。

整體說來，在感情、智慧及社交方面都表現優異的孩子，他們的父母大都非常的喜歡孩子，並且從與孩子相處、生活及教導孩子的過程中得到極大的喜樂與滿足，他們自知和自信自己是成功的父母，他們對於孩子快樂自信的成長以及未來一生的幸福，更是絕不動搖地深信不疑！

還有什麼好玩的玩具嗎？

您的三歲寶寶是否也像「女人總是缺少一件漂亮的衣服」一般，仍然缺少一件好玩的玩具呢？為什麼每一件剛買回來時寶寶喜歡得不得了的玩具，總是在隔了不久之後就玩膩了呢？當您進入一家琳瑯滿目、種類花樣多得不可數的玩具店時，是否不知該以何種準則來決定購買的標準呢？

在回答以上這些問題之前，我們願意先為家長們談一談以下兩種不同類型的玩具：

結局開放的玩具

這一類型的玩具可讓寶寶自由發揮創意，任由活潑的想像力帶領他創作出屬於個人獨有的成品，以及獨一無二的玩具。

舉個例子來說，簡簡單單的方塊積木是許多孩子（甚至於許多大人）的最愛。原因是這些簡單的積木可以隨著寶寶小小的雙手，神奇地變化成各種不同的實物，皇宮、車站、農場、火箭、卡車，甚至於機器人和唐老鴨，都有可能在一番用心的思考和精心地堆砌之後，活靈活現地呈現在眼前。

幼小的兒童喜歡這種可以親自參與，挑戰自我，並且以成果帶給自己驚喜的玩法。換句話說，「結局不固定」的玩具能夠一而再、再而三地爲寶寶製造想像不到的喜悅，也因而能夠歷久彌新地讓寶寶百玩不膩。

結局固定的玩具

大多數市售的玩具都是屬於結局固定的玩具。怎麼說呢？一般的玩具不論設計得多麼精巧生動，通常都只能產生幾種固定的效果，久而久之，寶寶即可預測每一個不同的結局而覺得無趣，不願意再繼續玩了。

例如，一個漂亮的洋娃娃有一雙可以眨個不停的大眼睛，可以上下揮動、前後移動的雙臂和雙手，還會唱十首不同的兒歌。寶寶一開始的時候必定是愛不釋手，寸步不離地整天抱著這個洋娃娃，一起哼哼唱唱，但是等到寶寶將十首歌都學得滾瓜爛熟、倒背如流的時候，這個玩具就會變得不是那麼好玩了。再怎麼說，一個洋娃娃永遠都只能是一個洋娃娃，永遠只能重複十首相同的歌曲，寶寶除了能扭扭它的手、動動它的腳之外，大多數時候也只能被動地觀賞它，看著它一成不變地眨眼睛，久而久之，自然會覺得索然無趣，心中生膩了。

那麼，經久耐玩、結局開放的玩具何處可得呢？有沒有一家玩具廠商是專門製造這些玩具的呢？

其實，眞正有趣好玩的玩具不一定要花錢才能買得到，日常生活中有太多太多隨手可得，甚至於原本棄置不用的廢物，都可以經由父母的巧手和寶寶的創意想像，而在彈指間搖身一變爲寶寶的新玩具。

尋找隱藏在家中的好玩具

親愛的家長們，您是否願意試試親自披掛上陣，爲寶寶在家中仔細搜尋一些好玩又免費，甚至於還可廢物利用的好玩具呢？

別忘了幼小的兒童喜歡接受創意的挑戰，勇於嘗試實驗，忠於心中的直覺，反應迅速，並且會堅持不放棄地追求簡單不變的道理。

根據這幾項原則，讓我們帶著寶寶開始在家中尋寶吧！

盒子！

仔細瞧瞧，打開櫃子找一找，從您的家中是否能找出一大堆大大小小、各式各樣、質料不同的盒子？這些盒子每一個都可以是三歲寶寶的好玩具。

郵寄包裹用剩的空紙盒，可不可以變成一艘太空船或是潛水艇？試試看，請爸爸動手拿大剪刀修改幾個角落，再讓寶寶用彩色筆繪出生動的外形，簽上爸爸的大名，描上寶寶的手印，是不是比百貨公司買來昂貴的警察車還要好玩呢？等過一陣子寶寶玩膩了，還可以改製成火車頭或救護車，直到紙盒完全「壽終正寢」，還可以經由環保回收，脫胎換骨製成另外一樣有用的物品呢！

中型的盒子也可以是洋娃娃的小床，鋪上柔軟的墊被，利用小毛巾摺成一個枕頭，寶寶即可有模有樣地玩扮家家酒。而在白天洋娃娃不睡覺的時候，這個盒子說不定還可以充當寶寶小小雜貨店的貨架呢！

大型的紙盒可以是寶寶最佳的帳篷、小船、黃包車或是樹屋。當您家中購買大型家電時，千萬別忘了要爲寶寶留下這些大紙箱。或者您也可以帶著寶寶到電器電腦行去走一走，說不定還有不同式樣和大小的「寶寶的小屋」，可供寶寶免費任意挑選。

小型的盒子也有許多不同的用處。寶寶可以裝一些心愛的貼紙、他所蒐集的鑰匙鍊圈或是一輛小汽車。不同大小、形狀的盒子可以用來搭建金字塔，或是平鋪排列成萬里長城，還可以是寶寶的小小手機。

總而言之，盒子是好玩的，不論是什麼式樣、形狀、大小和質料的盒子，都會是三歲寶寶的好玩具。

洗淨安全的舊輪胎

可以扔在陽臺上改裝爲一個安全的沙坑，也可懸在門梁上成爲一個有趣的秋千，還可以放在屋子的角落，作爲寶寶玩具狗熊布偶的「護城河」……。

盛裝雞蛋用的盒子

這是一個絕佳的分類玩具器皿。抓一把各式各樣不同的糖果，請寶寶根據糖果的顏色，分別放進不同的蛋隔中。同理可類推，一堆不同的銅板、混在一起的各式米粒（白米、糙米、黑米、小米等）及不同的郵票，都將是寶寶可以利用空蛋盒而百玩不膩的有趣活動。

過期的書報雜誌和電話簿

將其中各種不同的圖形畫片，讓寶寶可以利用一把安全剪刀、一些膠水及一本簿子，在您的監視下，沉浸於快樂的剪貼世界中，至渾然忘我、難以自拔的地步。

家長們也可以幫助寶寶將一個從畫報上剪下的圖形（例如，大鯨魚的照片）貼在一塊厚紙板上，自製成爲一個匠心獨具的拼圖玩具，保證會令寶寶玩得愛不釋手。

空的購物紙袋

請媽媽在紙袋上剪出幾個洞（眼睛、鼻子、嘴巴），倒扣在頭上就成爲一個有趣的紙面具；寶寶也可發揮想像力在面具上畫些特殊的圖形。多做幾個不同的面具，邀請全家老小一同來開一個難忘的化妝舞會。

少了一隻的手套或是襪子

先別丟掉，套在手上可以是有意思的布袋戲偶，讓寶寶自由地在手套或襪子上畫出一張簡單的笑臉、哭臉或是凶臉，他可以隨心所欲地扮演布偶的角色，盡情地將喜、怒、哀、樂不同的感受「宣洩」出來。

一堆彩色的迴紋針

您可以任由寶寶將之以不同的方式串連在一起，拆開後再重新串成另外一種花樣；或是找一本舊雜誌，讓寶寶將迴紋針一個一個分別扣在書頁上。請別小看了這一堆迴紋針的魅力，許多寶寶都會「埋頭苦幹」地在其中鑽研一、兩個小時的時間，仍然樂得不願意停止哪！

拆開的信封

可以散在地上當作寶寶在渡過一條「假想河流」時的踏腳石，寶寶可以分別先以左、右單腳，再以雙腳來回地在信封上跳動，更可以正著跳和反著跳，甚至於還可以和爸爸「兩人三腳」綁起來一起跳。知道嗎？這個遊戲好玩得不得了，連大人都會玩上癮。

從以上這些我們所建議的玩具點子當中，您是否已經又聯想到更多的好主意了呢？您是否也同意子女的玩具並不一定要花錢去買？事實上，現代經濟的結構與生活的方式，已經在不知不覺當中藉著商品控制了人心的走向。想想看，一個孩子因爲玩具的好玩而產生的高興，是不是一種被動的快樂？而如果一個孩子能夠親自動手創造一些作品，來使自己感到喜悅，這種反璞歸眞、原始純淨的快樂，是否比較踏實，比較深切，也比較能令人不生膩呢？

親愛的家長們，一個思路靈活、勇於創新的孩子是絕對不會因爲家中沒有好玩的玩具而覺得孤寂無聊的。相反的，這個孩子不論何時何地都能主動地爲周圍的人帶來快樂，即使是沒有任何的玩具，和他在一起相處的時候也必然是趣味盎然，非常有意思的。要培養這麼一個可愛的孩子困難嗎？一點也不，您只要能多多引導寶寶利用生活中既有的物資來「爲自己解悶」，那麼保證您用不了多久的時間，必能成功地將寶寶化爲家中隨時製造快樂的開心果。

提醒您！

- ❖ 別忘了經常以遊戲來測測寶寶的聽力、視力和語言能力。
- ❖ 努力覆誦改正之後寶寶的話。
- ❖ 以低姿態的溝通方式來教導寶寶。
- ❖ 睜大雙眼為寶寶尋找「結局開放」的好玩具。

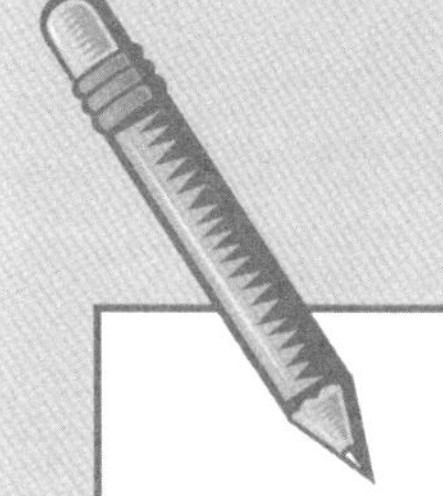

迴響

親愛的《教子有方》：

我要打從內心深處向你們說一聲感謝！如果沒有這一套有用的知識，我真不知道該怎麼辦才好。而且我兒生命早期的成長經驗，必然會與目前有著天壤之別！

《教子有方》幫助我看到自己的能力，為我帶來無比充分的信心，並且如明燈般指引了無數寶貴的想法和好主意。

再說一聲，謝謝您！

陳瓊婷

美國奧勒岡州

第三個月

晴時多雲偶陣雨？

戀愛中的男女經常以「晴時多雲偶陣雨」來描述其中一方善變不穩、陰晴難料的情緒，同理以推，家中有三歲幼兒的父母們，是否也會忍不住地將寶寶的心情和忽晴忽雨、時冷時熱的天氣聯想在一起呢？

別擔心，親愛的家長們，您家寶寶捉摸不定的脾氣其實並不稀奇，這是屬於三歲幼兒共有的特徵，他們的喜怒哀樂就好像是雲霄飛車般時高時低，並且在改變之前毫無預警。

主要的癥結在於成長中的寶寶渴望獨立，急於肯定自我，並且正在迫切地爲自己的生命開創出一條獨一無二的嶄新道路。然而，寶寶畢竟只有三歲，他稚氣未脫的心靈仍然嬌嫩幼弱，不論在肢體與心智各個方面的發展也都「還差了一大截」，膽識經驗所需的磨練及累積，更是還有好長好遠的一段路要走。因此，三歲寶寶經常使人意外、難以預測的性情，即在這兩種極端迥異的心態不時彼此互相衝突之下，自然而然地誕生了。

家長們一定早已發現，近來寶寶經常表露出猶豫不決、欲語還休、走一步退三步的有趣行爲。三歲的寶寶時而膽大包天，勇往直前，彷彿他可以征服整個世界；時而膽小畏縮，只想像個小嬰兒般地躲在父母安全溫暖的臂膀之中，一動也不動。

舉個最常見的例子，當父母們開始放手讓寶寶「單飛」時，不論是第一天上幼兒園，初到新朋友的家，還是到巷口的小公園，許多的幼兒剛開始時都會如同初出牢籠的小鳥一般，興奮開心，雀躍不已，迫不及待地要展翅撲向呈現在眼前的美麗新世界。在此時，心中感到七上八下、忐忑不安、離情依依難以割捨的，多半是呆立一旁不知如何是好的爸爸和媽媽。這一幅對比強烈的畫面，很清楚地顯示出大人心中的不放心：「孩子，你行嗎？你的翅膀夠硬了嗎？你要小心不要摔跤了喔！」和孩子豪情萬千的壯志：「讓我自己去，我可以面對這一切，放手吧，我要迎向屬於我的世界！」

然而兩分鐘之後，一切可能完全改觀，寶寶滿臉淚水、委曲傷心地飛奔回來，衝進您的懷中不停地哭泣，抽答不已。您必須要花費大番的力氣，不斷的安慰、鼓勵、勸解和拍哄，才能緩和寶寶如「驚弓之鳥」的混亂情緒。

這種在短短的幾分鐘之內，寶寶的情緒態度一百八十度大轉變的情形，您覺得熟悉嗎？當這種情況發生的時候，您自己的情緒又是如何反應呢？

忍一時風平浪靜

沒錯，三歲寶寶的情緒如此暴起暴落，無法掌握，對於每一位父母而言，都是考驗他們「忍」功的大難題。

基本上，成人的個性是比較穩定而少有變化的，成熟的人際關係更是要在能夠預期的範圍內，才能予人安定的感覺，才能穩健持續地發展。然而，三歲寶寶不論是自我的情緒和與人的關係，卻不折不扣是變化多端的。這是孩子成長過程中必經的階段，對父母而言，亦是「教學相長」的好機會。

《教子有方》給父母們的建議是能忍則忍，不斷地自我控制。教育子女本來就不是一件容易的事，忍耐更是一門原本困難又高深的學問。當父母能耐著性子，以「忍一時風平浪靜」的原則來表達對孩子深切的愛心時，寶寶成長中性格上階段性的不完美，自然也就變得不是那麼惱人和難以忍受了。

退一步海闊天空

當寶寶的情緒與行爲已經發展到完全不可理喻，難以控制，甚至於已經令人忍無可忍、快要崩潰的時候，身爲父母，最好的方法就是「以退爲進」，強迫自己起身離開現場，離開寶寶所在的「是非之地」，躲到一個無人的角落，深深地呼吸幾口新鮮的空氣，讓紛亂的思緒冷靜一下，即使只有兩分鐘的時間，通常您的心情即會因此而豁然開朗，能夠較爲平靜理智地來面對與處理眼前的狀況。

請在此時提醒自己，三歲寶寶這種「弔詭」的性格與情緒變化，是成長的必經過程，寶寶絕對不是存心找碴。相反的，您反而應該要爲此感到慶幸，因爲這是一個寶寶正在健康成長的最佳記號！

舐犢情深

接下來，讓我們一同來探討解決寶寶性格不穩的方法。其實很簡單，當寶寶處在多變不安的情緒湍流中時，他所需要的，只是一份溫暖、可靠、不會改變的感情來幫助他平靜下來，穩定下來。在寶寶的心靈深處，如果能夠擁有，並且能夠指望一份信實不移、堅定眞切，來自於某一個人的愛，不論寶寶是成功或失敗，是處於順境或逆境，這份愛都絲毫不會改變，那麼寶寶幼小心靈中逐漸萌發的自我意識，即可因而飽足地被滋養、激發，開始進步、成長，並且成熟壯大！

成長中的寶寶除了仰賴父母提供安全的生長環境和良好均衡的飲食之外，還有一項重要的需要，那就是在他的生命之中，至少要能和一個成人之間有一份愛的維繫，寶寶將利用這份愛來作爲日後駛向人生新境界時的唯一司舵，更會靠著這份愛來安然度過每一次的情緒高峰與低潮。如此，寶寶才能一次比一次更進步，逐漸學會以更加成熟、有效、睿智與合宜的方法，超越人生的每一個挑戰。

反過來說，對於不幸無法得到此種「親情保障」的孩童而言，久而久之，他們對於自我的感受及與人相處的自覺，即會演變出一種害怕、恐懼、時刻防禦、隨時反擊和完全不信任的習慣。

不慍、不火、持久的愛

親愛的家長們，在您扮演父母角色的人生舞臺上，如何拿捏心中對於孩子的愛，一方面能讓孩子明白您無條件、永不改變的愛，另一方面則不過分保護，不過分干涉屬於孩子的個人世界，的確是一種十分不容易且境界極爲深奧的做人藝術。

家長們必須隨時以善解人意的體貼及尊重對方的決心，來回應孩子情感上的需求，並且切忌以自我的主觀對孩子施加他所不需要、甚至於不喜歡的好意。

要能達到如此的境界，請您要能學會洞悉孩子的心，以機動和彈性來取代您原本規律及固定的生命模式，並且勉力地控制自我的情緒。

這些條件說來容易，但是做起來卻是一點兒都不輕鬆，有的時候甚至可能比登天還困難。父母並非聖賢，當然無法十全十美地達到理想中的境界，但是只要能將此一目標時時默存於心中，不斷地自勉，那麼即使無法成爲「零缺點的父母」，也可稱得上是「好爸爸，好媽媽」了。

親愛的家長們，在陪伴寶寶心智成熟的歲月中，請努力維持一個快樂的平衡關係，那就是：大膽地放手，任由寶寶去練習獨立，尋找自我，但是絕對要亦步亦趨隨侍在側，使寶寶在有需要的時刻，即可隨時回到您身邊，汲取大量的溫情、關愛和鼓勵。假以時日，寶寶必將因爲您的這份用心良苦而脫胎換骨，成長爲一個沉穩有力、收放自如的新生命。

《教子有方》祝福父母們親子雙料大豐收！

愈說愈溜！

在過去這幾個月的時日裡，家長們必然已經發現了寶寶在語言能力上的進步和改變。最明顯的是，寶寶已逐漸超越了屬於兩歲寶寶特有的「兩字片語」（例如：「吃口」（我要吃一口）、「腳車」（腳踏車）），而進入了另一個更複雜、更生動的語言世界。

三歲寶寶所展現出語言方面重大的進步，應該包括以下幾項愈來愈經常出自寶寶小嘴的語法：

- 複數名詞（例如：「我們」、「他們」）。
- 歸屬性字眼（例如：「我的」、「狗狗的」、「爸爸的」）。
- 表達過去時間的詞句（例如：「上次」、「昨天」、「小時候」）。
- 各種不同的介系詞（例如：「從來」、「床底下」）。
- 語尾的驚嘆字眼（例如：「眞好玩！」、「太好啦！」）。
- 期望的語法（例如：「快要到了」、「快喝光了」）。
- 大量各式各樣的問題（例如：「那是什麼？」、「他是誰？」、「爲什麼天會黑？」）。

當三歲寶寶開始練習以上這些剛學會不久的語法字彙時，您會聽到寶寶說出各種錯誤百出、有趣好笑的「自創言語」。當這種情形發生的時候，請您要和家人約法三章，務必努力聽懂寶寶所想表達的心意，並且要竭力忍住不笑，千萬別以無惡意的笑扼阻了寶寶的語言發展。

以語言教導的角度來說，當寶寶在學習過程中犯了錯誤的時候，最有效的輔助方式，就是聽者以瞭解的口吻重述一遍改正之後的話語，讓寶寶在受到肯定的同時，也迅速地自我修正。

此外，家長們也可多多爲寶寶讀故事書，或是單純地說故事。當然囉，三歲的寶寶經常會要求您將他心愛的故事一遍又一遍反覆地說，反覆地念，這種重複對於大人來說，很快地就會變得十分無聊，甚至於厭煩，但是對於語言技巧仍在成熟進步中的寶寶而言，他喜歡在不斷的重複之中，細細地咀嚼每一個語音，慢慢地品味每一個字句，仔細地斟酌上下辭意之間所蘊含的意義，並且享受父母在爲他念故事書時所流露出的溫柔的愛。

整體而言，大多數的幼兒會在六歲之前學會大約八千個字彙，而您的三歲寶寶目前正以一天吸收四到八個字的平均進度，快速地朝這個目標接近。自然而然地，寶寶會需要一位忠實的聽眾和說話的對象，讓他能有練習這些初學語言的機會。親愛的家長們，在三歲寶寶的生命中，您何不自告奮勇成爲他「愈說愈溜」的實習對象？

左手寫字，右手拿筷子？

如果您觀察三歲的寶寶丟一顆皮球，撿起地上的一張小紙片，或是伸手從書架上拿出一本書，是否可以看出他已經明

顯地表現出重用某一隻手，習慣某一隻手的傾向？寶寶是否已經定型於「左撇子」或是「右撇子」了呢？

沒錯，是有許多幼兒在三歲多的時候，即已明顯地展現出他使用左、右手的偏好。有些孩子甚至於連踢皮球、穿皮鞋、上下樓梯時，也已經會固定地出右腳或是左腳了。

然而，也有不少的兒童會持續左右同時開攻，雙手並用，直到四、五歲左右，才會下定決心固定使用某一隻手。

對於大部分的人而言，使用右手是「正常的」、「應該的」，而使用左手則是「特殊的」、「不知該如何看待的」。許多家長和老師都會不由自主、有意無意地想要「矯正」左撇子寶寶的「異常傾向」，至少在吃飯或是寫字的時候，他們會覺得「寶寶還是使用右手比較好」。

如果您的三歲寶寶也已經表現出偏愛左手的傾向，您會選擇怎麼做呢？

關於「左手」

讓我們先來談一談「左撇子」的由來爲何？爲什麼在這個以右手爲主的地球上，只有十分之一的人口是天生的「左撇子」呢？

根據近來的研究結果顯示，左撇子的傾向除了有可能是來自於外在環境和人爲的導向之外，先天遺傳因子也是一個影響深遠的重要關鍵。當研究學者們比對被收養兒童與養父、養母們使用右手或左手的機率時，結果非常明顯地指出，孩童的「順手」傾向與養父母們毫無關聯（代表著外在環境的影響並不能產生任何的效力），但卻與親身父母之間有著強烈的相似之處（代表著血緣中的遺傳基因正左右著每個人「用手」的習慣）。

事實上，早在一個生命仍在襁褓中的時候，我們似乎已能從他所喜歡的睡覺方向，看出他對於左側和右側的不同感受。曾經有一個實驗發現，新生兒臉孔喜歡朝向的一側，和日後使用「順手」的一側，居然是密切相似的。此外，小嬰兒在伸手拿東西的時候，也多半會堅持地「重用」某一隻手。

這些科學研究報告所得到的共同結論指出，每個人的「用手傾向」雖然可以訓練，可以「矯正」，更可以熟能生巧，但是在無外力影響之下，對於「主力手」的選擇則完全是與生所俱，全憑遺傳因子所控制。

反其道而行？

許多父母們常會提出的疑慮，是「左撇子」的人在這個多數獨尊右手的世界中，是否會因此而事事受阻，多有不順（手）之處？

的確，在我們生活中舉目所及的每一件事與物，幾乎完全都是爲使用右手人所設計的。上發條的手錶、照相機、攝影機、一切旋轉的開關瓶蓋、電腦滑鼠、橫式書寫的方向、許多樂器，甚至於抽水馬桶，似乎都在對天生「左撇子」的人舉起不友善的旗幟，並且耀武揚威地提醒著他們：「很抱歉，右手是多數，左手是少數，少數只好遷就多數囉！」

近年來，由於學者專家的鼓吹，以及大眾對於「左撇子」的看法逐漸改觀，市面上已經不時可以見到專爲左手人士所設計的剪刀、高爾夫球桿、棒球手套等。然而，所需努力之處仍有許多，身爲「小小左撇子」的父母，不得不肩負起爲孩子在現實世界中披荆斬棘的重任，一方面鼓勵孩子尊重自己天生所俱的傾向，另一方面也爲他排除並解決日常生活中的各種困難。

德不孤，必有鄰！

如果以客觀的角度來分析「左撇人士」的特徵，我們可以從歷史中發現，著名的藝術家、科學家與發明家達文西（Leonardo da Vinci），抽象畫家畢卡索（Pablo Picasso），政治領袖如富蘭克林（Benjamin Franklin），以及近代美國總統福特（Gerald Ford）、布希（George Bush）和柯林頓（Bill Clinton）等人，都是出名的左撇子。在球賽及各式的運動競技中，「左撇人士」也已大量展現了他們卓越的「左手功」。

有一個研究曾經以美國高中生申請大學所必考的學術性向測驗（SAT, Scholastic Aptitude Test）的成績，來比較左手考生與右手考生的表現。研究結果發現，在十萬名考生當中，僅有10%爲左撇子，但是在成績最高的一組學生中，竟然出現了20%的左撇子，這表示左撇子在讀書考試方面，出人頭地的機會要比右撇子高出一倍。

綜合以上所列的各項研究數據及資料，父母想必對於寶寶的「左撇傾向」會產生一層不同的體認。左手人士雖然在這個右手的世界中看來奇特怪異，不同於常人，但是他們無論在智慧、體能、藝術、人文及政治、科學方面，都絕對不是殘障，更不是低人一等的記號，家長們應可安心地維護寶寶的「左手」形象。

執子之手，與子同行

父母們在孩子發展左手、右手的認定過程中，可以不動聲色、技巧地在恰當的時機爲孩子開闢寬闊的成長空間，默默地助他一臂之力。

以下我們爲家長們列出一些具體的方法：

1. 養成習慣，任何時候當您要拿一件物品給寶寶的時候，稍微留意要從寶寶身體的中線遞給他，例如，當您爲寶寶倒一杯水時，請從寶寶雙手中間均等的部位將水遞給他。

2. 同樣的道理，當丟一顆皮球給寶寶時，也請不要預設立場，認爲他會用某一隻手或某一隻腳來接球或踢球，而改變您將球拋給他的方向。請您只要儘量筆直地將球朝向寶寶扔出去，然後任由他自己決定要出哪一隻手（或腳）來接球。

3. 不要嘗試以任何的形式來「修改」寶寶「用手的習慣」，家長們也必須主動地和家中其他的大人，以及寶寶幼兒園的老師們，將此項決議清楚地表達明白。在許多「左撇」寶寶成長的過程中，多多少少都會經歷到不同程度「寶寶試試用右手吧」的邀請，當這種「矯正」的意圖過度發展時，有些學前的兒童會因這些左、右錯亂的天性與期望，反而產生了意想不同的學習困難和障礙。

4. 兒童教育專家和兒童心理學家們目前共同的建議，是讓孩子擁有百分之一百決定右撇還是左撇的主權。

當有了以上這些認知之後，相信在幫助寶寶踏入社會進入學校的過程中，您的努力必能換得孩子的成功。

安全第一

根據統計，在美國每一年大約有六萬名幼童因在公園玩耍時受傷而送往醫院急診。然而，在這麼多「父母心疼，孩子受苦」的事件中，有許多是可以完全避免的。

最有效的預防，當然是在寶寶每一次進入公園遊戲區玩耍之前，先親身仔細檢查每個細節，確定安全無虞之後，才讓寶寶安心玩耍。比方說，堅硬的水泥地必然是寶寶從高處失足跌下時最危險的剋星，破碎的玻璃和突出的尖銳物體等，在在都是「此處不安全，請轉移陣地」的訊號。

其次，家長們必須和孩子約法三章，某些容易傷人或容易受傷的行爲是絕對不容許出現的。例如，丟小石頭、拋沙子、從過高之處往下跳、猛力推拉盪秋千等，都是常見容易發生意外的舉動。

此外，當兒童在遊戲區中玩耍時，一定要有成人在不遠處以眼光追隨著他們的一舉一動，這麼一來，危險的玩法便可以及早被阻止；而如果意外事件不幸發生，也可迅速恰當地處理。

健康和安全的戶外活動可以激發幼兒肢體、感官、認知和社交的發展，家長們不必因爲戶外活動有可能導致的危險，而限制了孩子的活動與玩興，只要能切實仔細地做好防禦措施，我們鼓勵您多多帶孩子到公園散散步，放手讓寶寶在遊樂區中盡情地大玩特玩一番。

您會爲寶寶貼標籤嗎？

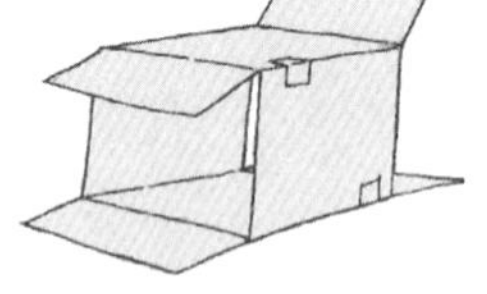

「小言，你怎麼這麼*調皮*啊！」

「妹妹，你是我們全家***最聰明***的人！」

「小珍是一個很*害羞*的孩子！」

「大寶是一個*小瓜呆*，從早到晚都是呆頭呆腦的！」

「……」

身爲父母的您，是否經常在無意間爲寶寶貼上一個主觀論斷的標籤（Label）呢？其實，在這個人人都在比來比去的世界上，每一個孩子的身上，或多或少都已被貼了一些標籤。這些標籤不論是有意的也好，無心的也好，都有可能對寶寶目前的成長，甚至於未來的一生，產生深遠的影響。因此，我們希望家長們能注意這個千萬不可忽視的重要問題。

何須貼標籤？

首先，請讓我們共同反省一下，爲什麼會喜歡爲寶寶貼標籤呢？

這層道理其實很簡單，當大人爲小孩貼標籤的時候，他們只是想藉此將兒童分門別類，以達到簡化生活的目的。想想看，當您將幼兒分類爲：乖的／不乖的、文靜的／活潑的、聰明的／笨的……等不同的「級別」時，這些既有的屬性格式，是否能幫助您迅速地將寶寶定位並格式化，同時也能明快地謀求應對之道？

按照理論來說，假設我們能夠將周遭的每個人都如超市貨架上的蔬果般，青菜、蘿蔔、西瓜等全部一字排開，分別歸位，那麼我們即可根據一些定律，將人與人之間的關係公式化、固定化，如此一來，生命即可變得極爲單純，許多人與人之間的紛擾糾葛即不會發生。然而，人是一種極爲複雜、難以捉摸並且高深莫測的動物，要想用幾個簡單的標籤來「定位」一個人，實在是一件難上加難的事。不僅如此，主觀的判斷還經常會造成「標籤錯誤」的後果。

對於成長中的孩童而言，不論是因爲標籤而侷限了發展的潛力，或是被貼上了不正確的標籤，都是父母們需要留心並且刻意避免的。《教子有方》願意從五個不同的角度，來爲家長們探討這個課題。

肯定標籤和否定標籤

很明顯的，否定標籤最容易使人受到傷害。父母、親人有意無意間使用的否定標籤，所造成心靈深處嚴重的傷害，有時竟可延續至成年，甚至於終生無法痊癒。舉凡「笨東西」、「小眼睛」、「破鑼嗓」和「愛哭鬼」等，都是不折不扣的否定標籤。

至於肯定標籤，我們也想提醒家長們，假如使用不得當，也有可能會傷害到孩子的心靈，逆轉他的人生。舉例來說，有許多的父母會在不知不覺中，將自我未盡圓滿的人生理想加諸在下一代的身上，期望能夠藉著孩子的成就來彌補某些缺憾。「哇！小美眞是一個鋼琴小神童」、「凱凱將來長大絕對是做醫生的料」、「寶弟對數字眞有好感，天生學數學的好腦筋」、「我天生沒有藝術細胞，沒想到寶寶這麼有繪畫天分」等肯定標籤，表面上聽來是許多的褒揚與讚美，但是換個方面來想，卻有可能主觀地預設了寶寶未來人生的走向，同時也是一種沉重的、無形的負擔，孩子會不得不努力地達成這些也許並不是他們本意的目標。親愛的家長們，在您自身的成長過程中，是否也有類似的經驗呢？

以親子關係爲大前題

良好的親子關係是最佳的標籤底色，也就是說，在一個原本充滿著親密互動、溫暖活潑、愛心滿溢的親子關係中，父母對孩子所貼上的各種標籤，也必定會沾染上這層正面的氣氛。那麼，即便是一個否定的標籤，在這種互信、互愛、互諒及安然自在的心態中，寶寶也比較不容易受到傷害。

相反的，在一個總是劍拔弩張、勢不兩立、彼此抗爭的親子關係中，各種來自於父母的標籤，也就十分容易被染上負面否定的色彩，帶來各種有形無形、短期長期的不良後果。

貼標籤的方法

父母們說話下評論時的臉色、表情、語氣和聲調，都會造成不同的效果。想想看，同樣的一句話：「你就和外公一模一樣」，是否會因說者不同的口氣而引人進入不同的想法中？

對於稚齡的幼童而言，他們可能尚且不瞭解每一個標籤所蘊含的眞正意義，但是他們卻可以從父母說話時的心情來揣測標籤的內容。舉個例子來說：

當媽媽笑咪咪、親暱地邊摸寶寶的鼻子邊說：「寶寶，你眞是一個小壞蛋」時，寶寶所接受到的訊息，是否和爸爸吹鬍子瞪眼睛、雙手插腰、凶狠地吼出同一句話時的感受，有著極大的不同？

這些不同的口吻和貼標籤的方式，決定著寶寶對於此標籤的認定是肯定和讚許的，還是否定和責備的。

同一標籤的使用頻率

當同一個評語不時地出現在生活中，成爲父母的口頭禪，甚至於演變爲寶寶的小名或是綽號時，這個標籤所造成的影響也必然是深遠的。經常被家人、朋友稱爲「小迷糊」的孩子，多少會因此而在自信的程度上打些折扣；同樣的，媽媽口中的「福大命大」的小福星，也難免經常自信滿滿地勇往直前，橫衝直撞。

黏貼標籤的強度

這是一項父母們必須細心留意的重點，有些標籤寶寶可能聽在耳裡，但很快即拋在腦後，不往心裡放；但是有些標籤卻是只要輕輕地說一遍，就會牢牢地烙印在寶寶的心靈最深處。類似於「哇！這個孩子是個大肥仔」的標籤，通常就具有此種超強的黏力。

好爸爸、好媽媽必修學分

俗話說得好：「水能覆舟，亦能載舟。」父母們對於標籤的使用亦是如此，使用得當，可助長孩子的心智成長，但稍一不留意，則有可能導致全盤皆輸、無法彌補的痛苦結果。

以下我們列出父母們在爲寶寶貼標籤之前所必須熟知的重要事項，幫助您成爲一位眞正的貼標籤高手：

- 隨時自我仔細檢視您所常用的標籤。更好的方式，是請家中另外一位大人以旁觀者淸的立場，來記錄出自您口中的標籤。
- 善用增長孩子自信的標籤，但請勿過分濫用，以免爲寶寶帶來過高的期望與不必要的壓力。
- 如果您有大量使用否定標籤的傾向，請虛心地面對這個事實，但也不必太過責備自己。畢竟，愛之深、責之切，是許多父母的通性。
- 試著以就事論事的教導和正面的鼓勵來取代負面否定的標籤。例如，與其說：「你是一個髒寶寶！」不如改爲：「寶寶，請把地上的玩具收好，屋子才不會這麼亂。」或是：「寶寶，你喜歡地上乾淨一些嗎？可不可以將這些碎紙片扔到垃圾筒裡呢？」
- 記得，您的口氣語調能夠改變標籤的性質。
- 別忘了，人非聖賢孰能無過，寶寶偶爾犯錯也是無可厚非的一種行爲，不必因而爲他下一個終生的判決，和貼上一個永久的否定標籤。
- 當您累了、心情不好或是有壓力時，也是最容易「口不擇言」對寶寶亂貼標籤的時候，請務必在此時謹言愼行，多多自我約束。
- 細心留意來自於家人和友人的標籤，您必須要懂得如何保護寶寶不被隨意地貼上負面標籤，更要能即時幫助孩子撕下標籤，修補傷處，整理腳步，重新出發。
- 維繫一個優質的親子關係，作爲寶寶對付傷害性標籤最好的擋箭牌。

- 最重要的一點，是最好什麼標籤也不貼，以愛心的尊重與耐心的教導，容許孩子有機會在生活中看清楚自己的長處與短處，在無外在壓力的情形下，激發孩子自我修正的意圖及更上一層樓的動機，事半功倍又不產生不良副作用地引導孩子萌發出強韌的自信心。

聯絡四肢與感官的網絡

三歲的寶寶喜歡跑跑跳跳，以及推拉拋擲等各種不同的體能活動，雖然他們年紀還小，尚且不能參加奧林匹克級的運動比賽，但是他們特愛表現，並且喜歡接受喝采和掌聲。寶寶會在猛力地跳遠之前不停地喊：「看我！媽媽看我！」也會在得意地跳完之後，故意停在原地等待您的掌聲。

好動的寶寶目前正處於一個發展四肢感官協調技巧（perceptual-motor skills）的重要階段。所謂的感官功能（perception），指的是大腦接收並處理聽覺、視覺、味覺、嗅覺及觸覺的能力，四肢的動作和能力（motor skills）則代表著肌肉的靈活程度與行爲技巧。在我們每日的生活中，有許多需要四肢與感官合作運行的活動，其中所牽涉到重要的能力，即是四肢感官協調技巧。

四肢感官的協調技巧是孩子日後求學時所需依賴的一項重要本事，但是這項本事的根基，卻是早在孩子入學之前即已奠定的。

教育專家們喜歡將寶寶的四肢能力分爲大肌肉技巧（gross motor skills，例如，跑步、騎腳踏車等利用到大塊肌肉的能力）和小肌肉技巧（fine motor skills，例如，繡花、彈琴等精細的動作）。

也許您已經注意到了，寶寶的小肌肉技巧，在過去這幾個月的時間內已經有了顯著的進步。他的小手不僅可以撿起地上極小的物體，還能跟著大人學習各式巧妙的動作。然而，在這個學習的過程中，您也應該不難看出寶寶仍有需要努力加強之處。舉例來說，當寶寶玩拼圖的時候，他可能已經心知肚明地看出某一塊拼圖所屬的正確位置，但是一雙小手偏偏就是力不從心，無法將拼圖端正地放好。

三歲的寶寶喜歡將物體一個疊一個地搭得高高的，這種疊羅漢搭積木塔的玩法，可以幫助寶寶增進視力和雙手小肌肉之間的協調能力。學習中的寶寶雖然有的時候已經能搭出一個有著驚人高度的積木塔，但是他仍然弄不清楚大塊在下、小塊在上的道理，而會不經意地放上一塊大號的積木，使得原來已搭好的積木塔在轉瞬之間崩塌傾倒，功虧一簣。

寶寶在大肌肉技巧方面也已有了許多的長進。三歲的幼兒有著比一生任何其他時期都還旺盛的活動力，他們不停地跑來跑去，故意摔倒在地上，滾了幾圈之後，再從地上猛地彈跳起來，然後，他們的雙腳會像剛上緊發條似地，繼續往前不停地單腳跳，雙腳跳，然後繼續到處亂跑。

這一切有關於大小肌肉發展的特色，在在說明了三歲寶寶目前所正努力挑戰自我、勤奮練習的科目，是將他感官知覺的本領與萬能雙手及四肢體能的步調，調整到相同的頻道上。如此，大小肌肉及大腦感官之間，才能建立起有如電腦網路般四通八達的通訊系統，協調並有效率地完成各式各樣不同的體能活動及手藝技巧。

訓練小小十項全能

正如上文中所提到，健康的三歲寶寶是精力旺盛、活力無窮的，他們彷彿永遠有發洩不盡的活動力，再加上熱切自我提升肢體感官協調能力的決心，迫使他每日需要有大量的機會來盡情地「動」。嚴肅地運動也好、漫無想法地瞎玩也好，寶寶會把握住每一個可能的機會來鍛鍊自己。在成長的路程上，您的寶寶是連一分鐘也不願意錯失的呀！

父母們在此時最能夠幫助寶寶的方法，就是爲寶寶提供活動的時間、機會、安全及多采多姿的學習場所。

大多數三歲的寶寶應該都已十分熟悉傳統的公園、遊戲區中所架設的大玩具，盪秋千、溜滑梯、蹺蹺板、旋轉木馬、爬竿、單槓等，都是寶寶百玩不膩、愈玩會愈高竿的傳統活動。

除此而外，有心的家長們也可捲起袖子，撥出一些空檔的時間，挑選幾件簡單的材料，親手爲寶寶打造一些好玩、有趣、安全，能挑戰寶寶體能、又能訓練他大肌肉與感官知覺協調能力（詳見「聯絡四肢與感官的網絡」一文）的家庭運動場。

以下我們爲您列出一些簡易的運動玩具架設技巧：

平衡桿

在室內或室外的地上，以粉筆或寬膠帶標出一道長約三公尺、寬約十公分的直線，目的是要讓寶寶練習如何能夠既直又穩，不摔跤也不出線地走在線上。

一開始，您可能需要牽住寶寶的小手，並且鼓勵他雙手向外平伸，以能有效地保持身體的平衡。等到寶寶漸漸能夠走得既快又好的時候，您還可以逐步延長直線的長度，同時縮減直線的寬度，更進一步地挑戰寶寶的四肢感官協調能力。

甚至於您還可以利用一段梁木，兩端各墊高兩公分，架設出一個眞正懸空離地的平衡桿，一鼓作氣地將寶寶平衡肢體的本事訓練得如火純青，能夠如魚得水般地應付自如。

跳跳床

家中如有一張久已不用的舊床墊，請先別急著丟棄，包上一張厚厚的床單，即可成爲一張可隨寶寶任意發揮的跳跳床。家長們必須要能隨時確保跳跳床的安全性，沒有彈出的鐵絲、尖銳的塑膠或跳跳床附近堅硬的物體。除此而外，父母們也可藉機在一旁和寶寶練習數數：「一、二、三……」久而久之，寶寶也會跟著您朗朗上口地數數，到時候，您還可以開始帶領寶寶倒數：「十、九、八……」呢！

跳蛙

在柔軟的草地上或是鋪著地毯的地上，排列幾張至少四十五公分寬、大約三十公分高的小板凳，讓寶寶如池塘卵石上來回蹦跳的青蛙般，在小板凳之間來回地跳來跳去。您也可以讓寶寶在您的監視下，乾脆從小板凳上跳到地面。

神射手

利用一片大約兩公分厚的保麗龍板，在板上裁出幾個直徑十五公分至二十五公分的圓洞，將家人（大至爸爸、小至寶寶）大小不同尺寸的破舊襪子中裝入米粒（或是其他的穀類），紮上橡皮筋成爲簡易的小沙包。接下來，好戲即可上場，帶著寶寶練習將沙包瞄準投進保麗龍板上的洞中。當然囉，如果您不想太麻煩製作沙包，也可以讓寶寶扔幾個舊的網球或乒乓球。等寶寶練習了一陣子，大致都可以投進洞的時候，請別忘了要再將投球板移遠一點，才能挑戰寶寶神射手的極限。

投籃比賽

將廢紙或報紙揉成幾個大小不同的紙球團，和寶寶比賽誰可以將比較多的紙球投進地上一個清潔的垃圾筒中。當然囉，您可以隨意變化玩法，以計分、計時或是多個籃框來增加這項遊戲的趣味。

障礙競走

夏天游泳用的救生圈，隨意放置幾個在起居間的地上，和寶寶比賽踏進、踏出救生圈往前走。等寶寶熟悉了這種玩法之後，您還可以爲寶寶示範如何像螃蟹一般橫著朝左走，再朝右走。

當您和寶寶一同進行以上的這些活動時，您應該還會想出更多有趣的玩法，類似以上所列的親子遊戲，都是集合體能訓練和感官協調能力的活動。只要家長們能夠注意安全，從寶寶可以應付的程度開始，等到孩子已經能夠輕易地成功，不再出錯之後，再逐漸增加難度，即可以趣味性的挑戰來刺激孩子心智體能同步的進階。此外，如果寶寶看來累了、睏了或是受挫不想再玩了，最明智的做法就是讓他暫停一下，休息一陣子。等寶寶重新整頓身心之後，他會玩得更好，進步得更快，也會覺得更開心、更快樂！

提醒您！

❖ 以萬全的準備來應付寶寶「晴時多雲偶陣雨」般的多變情緒。

❖ 大方地讓寶寶自己選擇他的「主力手」。

❖ 快快下定決心，堅決不為寶寶貼標籤。

❖ 換上運動服，多多帶領寶寶做些有益大小肌肉及感官知覺協調能力的親子活動。

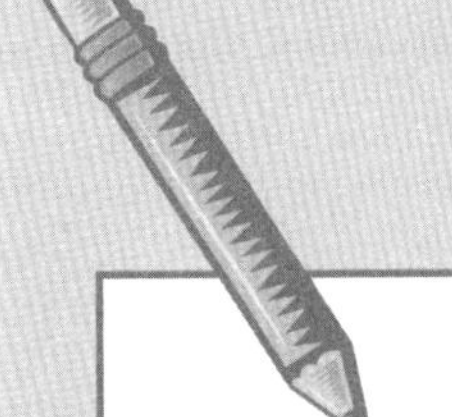

迴響

親愛的《教子有方》：

我真是服了你們，居然能夠多年以來一而再、再而三地如黑暗中的明燈般，為我點明了小女的成長和進步。

不只一次，我心中的焦慮、不安和無所適從，都在閱讀了《教子有方》之後被一掃而空！

謝謝您幫助我瞭解小女的各種「怪招」。

高柔寧

美國阿拉巴馬州

第四個月

播下自信心的種子

家長們教養子女的方式，會影響孩子日後的自信心與人生觀嗎？針對這個每一位父母都不得不正視的重要問題，《教子有方》願意先帶領讀者一同來聽聽專家們的說法。

自信心（self-esteem）是每一個人相信自我能力的一種程度，經常和自我尊重和愛護自我互為因果，有著密不可分的關係。研究自信心的學者們喜歡將之區分為高度自信（high self-esteem）和低度自信（low self-esteem）。擁有高度自信的人對自我的評價是正面與積極的，反之，低度自信的人喜歡從負面的角度來評估自我。

舉例來說，自信心高的學齡兒童在課堂上的求學態度是：「嗯！這是一件我喜歡做、我想做的事，而我現在正在努力去把這件事做得很好。」反之，自信心低的學生，他們眼中的自我與理想中的自我有著一層極大的差別：「這件事情我願意做得十全十美、毫無差錯，但是以我的能力卻只能做好一半！」

比較學齡兒童在學校中的表現，我們可以從各種研究報告看出，自信程度高的孩子們人緣較好、成績較佳，對於與父母、師長之間的關係也有較為正面的看法。

根據學術研究報告顯示，父母教養子女的方式、親子之間的溝通方式，以及一個家庭中所流露出的「溝通文化」，對於成長中兒童自信人格的塑造，的確會產生重要的影響。

高度自信心的背後

綜合整理目前既有的科學文獻，我們發現擁有高度自信心的兒童，他們的父母在教養子女時，多半不約而同地展現出以下四點強烈的特徵：

1. 他們會尊重且專心地聽孩子說話。

2. 對於孩子所展現出的獨立及自主行爲，他們會報之以及時的讚美和眞誠的鼓勵。

3. 他們爲孩子的行爲，訂下了清晰、明確及固定的規範及準則。對於孩子言行舉止的督導，他們絕不輕易破例，更不會朝令夕改。

4. 在家庭中，他們以大量的溫情、愛心、包容與關懷來塡滿孩子成長中稚嫩的心。

低度自信心的背後

同樣的，學術研究也讓我們看出子女擁有低度自信心的家長們，在與子女相處的過程中也有不少雷同之處：

1.「笨東西」、「不負責任」、「不懂事」等消減孩子自信心的話語，經常會重複地出現在親子之間的對話中。

2. 父母對於孩子的言行舉止有時十分縱容，採取睜一隻眼閉一隻眼的態度，但有時又會在毫無預警之下，疾言厲色地糾正子女，並且嚴苛地懲罰孩子的錯誤。

親愛的家長們，請問您是屬於哪一類型的父母呢？

也許您會反問，天下豈有「無不是的父母」？要做到盡善盡美、毫無缺憾，畢竟不是一件容易的事啊！

的確，當許許多多困難發生的時候，當有問題需要解決和想偷個懶、算了的時候，要想做到上述成功的父母們所立下的典範，您會需要極大的耐性、堅持和自我的控制。然而，請您務必記得，這些高難度的自我期許，所換來的將是孩子未來一生的人格力量與心理健康，您的努力必然不會白費，並且在未來長遠的親子關係中，您必能回收百倍的報償。

專家們相信，一個人所擁有高度自信心的種子，其實是在生命早期以家庭爲學校的時期，即已種下了。

俗話說得好：「要怎麼收穫，先怎麼栽！」望子成龍、望女成鳳的家長們，當您爲寶寶播下自信的種子時，請別忘了要勤於灌溉，按時施肥，對於他年輕的想法及獨立的意識，請澆以大量的讚美，並施以豐富的鼓勵。

至於偏差的行爲及錯誤的舉止，家長們也必須如面臨歧出的杈枝及橫生的野草般，即早努力矯正，仔細修剪，並且徹底清除。

最重要的一點，是要以無比的愛心爲孩子營造一個溫暖安全的花房，供寶寶自信心的幼芽得以在其中恣意地茁壯及成長。

寶寶，你聽聽看

四十個月大的幼兒雖然已經很能說話，也很會表達自己並且與人溝通，但是他們仍有許多的單音和字句說不清楚，也還有一些語音是他們發不出來的。

在幼兒們將語言發音完全學會之前，他們首先必須能夠擁有敏銳的聽覺，以分辨各種聲音的異同之處。因此，父母們如要幫助孩子在語言的發展上早日成熟完善，可以先從訓練寶寶的聽力開始著手。

首先，成長中的寶寶需要能夠從一大堆不同的聲音中，將相同與類似的音組單獨區分出來。

聽音學第一課

請您先挑選兩樣會發出完全不同聲響的物體或樂器，例如，一個口哨和一個鈴鼓，邀請寶寶：「來來來，寶寶來聽聽看，這兩種聲音一不一樣啊？」在您分別吹響口哨，再搖響鈴鼓之後，請耐住性子等待寶寶的回答。

不論寶寶的答案是否正確，您都要給予寶寶恰當的回應：「答對啦！這兩種聲音真的很不一樣！」或是「咦！不對喔！這兩種聲音很不一樣啊，寶寶再聽一次！」

聽音學第二課

與第一課相同，只是請您此時利用兩種完全相同的聲音，來測試並且訓練寶寶聽出「同音」的能力。

聽音學第三課

增加上述兩課的難度，讓寶寶轉身背對著您，不靠目光，純憑聽力，來決定兩種聲音是否相同，或是不同。當寶寶能夠每一次都正確無誤地說出標準答案時，即表示他已通過了聲音的挑戰，可以進階到下一課聽語音的訓練了。

聽音學第四課

先在心中想好幾組發聲完全不同的話語，例如，「啊」和「咻」、「乾」和「濕」，以及「香」和「臭」。您可以重複第一課到第三課的順序，先讓寶寶和您面對面，可以看清您發聲的唇形，考考他是否聽得出每一組的語言皆有所不同。再試試看當您用一本書遮住唇形，或是要求寶寶轉身背對著您時，他是否仍然能聽得出這些語言的不同。

聽音學第五課

以相同的語言來重複上述第四課的內容。

別忘了在寶寶每一次回答之後，都要清楚明確地回應他，答對了要給予大方的肯定，答錯了也要幫助寶寶不氣餒地重新來過，多多練習直到完全學會了爲止。

應用活動

以下我們爲讀者們介紹三項既輕鬆又有趣味的應用活動，提供您在課後休息的時間，以活潑生動的方式來加強寶寶從上述五課聽音學所學得的本領。

聽我悄悄對你說

這個活動不僅能訓練寶寶區分聲音的能力，還可迅速有效地爭取到寶寶完全集中的注意力，是一個使孩子從興奮過度或煩躁不安的狀態中，安靜沉穩下來的好方法。

玩法很簡單，俯身向前，湊在寶寶耳畔悄悄地對他說一些含有指令意味的話語：「去拿一顆葡萄給爸爸」、「去關燈」、「去打開大門」、「寶寶請坐下」等。三歲的寶寶會非常喜歡玩這個遊戲，並且一直不停地要求您對他說悄悄話。家長們除了要耐心地陪寶寶說悄悄話之外，還可以從寶寶每一次完成指令的正確與否，來決定下一題悄悄話的難易程度。

聽聲音做動作

先對寶寶清楚地說明遊戲的規則：「當爸爸出了一個很小的聲音時，寶寶要快點拍拍手。」、「當寶寶聽到爸爸弄出了很大聲的聲音時，寶寶要原地跳一下。」

很小的聲音包括用鉛筆輕輕敲一張紙、雙唇摩擦發出柔軟的「啵」聲、赤裸雙腳摩擦地板等有趣的聲音。大的聲音則可以使一本書掉在地上、用力跺腳或弄響時鐘鬧鈴等，來達到大聲的效果。

猜猜看這是什麼聲音

這個遊戲的特點，是能幫助寶寶對於日常生活中的各種聲音，培養敏銳的辨別能力。此外，幼兒的聽力如有困難和障礙，家長們也可藉著此項活動，及早發現並及早矯正和治療。

讓寶寶背對著您站好或坐好，確定寶寶的任何眼角餘光不會「偷看」到您的舉動，然後您可隨心所欲地製造出各種不同的聲音，讓寶寶來猜猜看您在做什麼。您可以撕一張報紙、搖晃一串鑰匙、拉開皮包的拉鍊、拉開一罐可樂、吹口哨、打電腦……，只要是日常生活中會發出聲音的活動，您都可以和寶寶快樂地玩這個猜聲音的遊戲。

在這遊戲中，家長們唯一要注意的一點是您所選擇的發聲音動作，最好不會因著其他的感官知覺而洩漏了謎底。譬如說，您在剝橘子時會散發出香味，打開風扇時會傳送出涼意，這些都不是最好的選擇。

等到寶寶已經玩得很有經驗了之後，您不妨和寶寶互換角色，讓他來製造聲音，由您來猜。

接下去，您可以一次同時製造出兩、三種或更多不同的聲音來讓寶寶猜，試試他的上限何在。只要不會導致寶寶過分緊張和錯亂，《教子有方》鼓勵家長們多多善用這項活動，由淺入深地逐步提升寶寶的聽力，同時也享受親子共同活動時所營造出的溫馨、快樂與幸福的感覺。

人生如戲

細心的家長們近來是否注意到寶寶有喜歡「裝模作樣，假扮他人」的傾向？三歲的寶寶不論是在獨處或是和玩伴們一起玩的時候，在

家中、保母家、爸爸的車上、公園，甚至於超級市場裡，他經常會煞有其事地「假裝」自己是另外一個人，有時是媽媽，有時是老闆，也有時是司機、店員、警察等人生舞臺上形形色色不同的角色。正因爲寶寶十分認眞與執著於「假裝」的工作，他經常會逗得家長們啼笑皆非，束手無策，不知如何是好。

仔細回想一下，您是否曾經「偷看」到寶寶和朋友們玩扮家家酒時，「扮演」在市場上與人討價還價的媽媽：「太貴太貴，便宜一點，這個西瓜這麼小，三塊錢好啦！」或是您曾經「偷聽」到寶寶一個人在房間裡自言自語：「過來，現在量體重，看眼睛，等一下要打針！」「幻想」著自己是一名忙碌的醫師？更恐怖的是，寶寶會不會假裝是正在和奶奶吵架的爸爸：「你這麼囉嗦，不要管我！」同時還重重地把電話聽筒摔在地上？

親愛的家長們，請您千萬別因爲三歲寶寶的「愛假裝」而感到心煩，幼小的孩童如此「不切實際」的行爲，不僅是成長過程中一個必經的部分，更包含了許多正面的重要功能。

體驗人生

整體說來，四十個月大的寶寶仍然大多以自我的思想與意志爲中心，但是他對於周遭的一切，尤其是人物及人物所製造出的事件，已經開始產生極大的興趣。他的這一層興趣會在未來的歲月中持續且快速地加深、變濃。也就是說，在緊接著而來的幾個月，甚至於幾年之中，寶寶還會繼續他的「戲夢人生」，交替輪換地「扮演」爸爸、媽媽、小嬰兒、大姊姊、醫生、護士、警察、卡車司機，甚至於電影名星！

有趣的是，當寶寶在「假裝我是××」時，他並不會將角色的性別特徵考慮在內，因此，您也許會發現三歲的小女孩想像自己是「成龍」，平時活蹦亂跳的小男孩也會有「扮演」哺乳的母親的時候，家長們不必擔心孩子會因此而混淆了自身的性別，他的用意純粹只是為了弄清楚在這個有趣的世界中，到底有些什麼不同的角色，而這些人每天都在做些什麼事情。

落實人生

根據著名的瑞士心理學家皮亞傑博士（Jean Piaget）所指出：「成長中的兒童所著迷於其中的『角色扮演』（symbolic play），其實是他們滿足自我渴望，將現實的生活轉變為理想生活的一種好方法。」

換句話說，當孩子們「有模有樣」地「假裝」自己是另外一個角色的時候，他們可以將現有的生命，改裝為一個他們願意嘗試的生命。而在另外一個生命中，他們體驗不同層面的歡樂，解決各式的問題，最重要的是，成長中的幼兒得以藉此擴展自我的生命。

整合人生

三歲的寶寶一方面正在蓬勃興旺地發展對於自我的肯定與認知，另一方面也正如夢初醒般地睜大著雙眼觀察這個多采多姿的世界。「角色扮演」的活動，可以幫助幼小的兒童以腳踏實地的方式，「設身處地」地來瞭解，並吸收他所觀察到的知識。畢竟，雙目所見、雙耳所聽到的一切，都不及親身體驗來得眞切與深刻。

透過反覆不斷的「假裝」，寶寶可以在他小小的腦海中消化、吸收，並且靈活地運用他所接觸到的人生知識。

眞假人生

家有幼兒的家長們請務必記得，對於寶寶而言，要能正確地分辨孰是眞實人生，孰是虛幻人生，並不是一件容易的事。這也就是爲什麼幼小的兒童會對於一個惡夢或是一場恐怖電影特別的害怕，久久無法釋懷。

藉著想像不同人生的「假裝」，寶寶可以從練習中逐漸地學會眞實與假想之間的差別，而對人生的「眞眞假假」產生更爲貼切的經驗和心得。

宣洩生命的激流

在每一個生命的心靈深處，必定隱藏著許多如暗流漩渦般的恐懼、憤恨和傷痛等負面情緒。三歲大的寶寶也不例外！

成長中的幼兒們可以藉著「假裝」，從另外一個想像的角色身上，發洩他如洪水般高漲的各種情懷。這種健康與正面的宣洩方式，能夠強而有效地幫助寶寶舒緩一切來自於負面情緒所累積的壓力與張力，預防一旦失控決堤的不良後果。

親愛的家長們，讀完了以上我們所爲您列出這麼多項「角色扮演」所能爲寶寶帶來的好處之後，您是否會更加同意「兒童以玩耍爲工作」這句話的深意？您的寶寶藉著玩耍而成長，而他所喜歡玩的「角色扮演」，在許多兒童發展學專家們的共同想法之中，再也不會在生命其他任何一個時期，會爲孩子帶來如此重要的影響！

那麼，家長們該如何鼓勵三歲的寶寶多多自編自導自演一些人生的戲碼呢？以下是我們的建議：

- 充滿了愛與鼓勵的話語。
- 爲寶寶營造一個寬闊的「舞臺空間」，讓他能在自由自在、毫無顧忌的氣氛中，即興地、自由地，並且快樂地演出。

- 提供激發想像力的道具，各式的帽子、過時的電話、洋娃娃、餐具、模型汽車、小型的工具、玩具醫藥箱等，都是一些惠而不費，並且能夠任由寶寶變化花樣、一玩再玩、不會生膩的理想道具。
- 養成每天爲寶寶讀故事書的好習慣。原因很簡單，一本好的故事書能夠帶領寶寶海闊天空地遨遊在想像的領域中，並且可以幫助寶寶增廣見聞，放眼窺視天下之事，將埋藏在孩子心中的想像力激發到最高點。
- 最後一點，正是古人所教導「讀萬卷書」的下一句，也就是「行萬里路」。我們建議家長們可以多多帶著寶寶出門，近如樓下小美的家、巷口的小公園，遠如登山涉水、出國旅遊，都可以幫助寶寶跳脫家庭的格式，拓寬心靈與智慧的視野。既然三歲的寶寶現在不僅是一位小小的觀察家，同時還是位極佳的好伴侶、愉悅的小幫手和快樂的忘憂草，那麼何不取出您的旅遊計畫書，開始多多帶著寶寶出去走走呢？

雞蛋盒的妙用

空的雞蛋盒請先別急著丟棄，這是一項鍛鍊寶寶大腦解決問題的超級教具！

首先，您可自以下所列的物件中隨意選出十二項，分別置於蛋盒的獨立空格中。

- 安全別針

- 橡皮筋
- 一段繩子
- 穿了線的縫衣針
- 一截鐵絲
- 碎布條
- 一小段吸管
- 迴紋針
- 口香糖
- 鈕釦
- 一些沙子
- 一小瓶膠水
- 軟木塞
- 保特瓶蓋
- 一小塊未煮的手肘形義大利通心粉
- 一根羽毛
- 牙籤
- 一塊貝殼

這個遊戲的玩法，也是寶寶的工作，就是將蛋盒中的物體，分別在腦海中以彼此互相之間的某些關係，將之歸成一類，告訴寶寶：「仔細看看盒子裡的東西，你覺得有哪些是可以連在一起的呢？」、「指給媽媽看看，說來聽聽，你爲什麼覺得它們是一家人呢？」

試試看，您的三歲寶寶懂不懂貝殼與沙子、口香糖與牙籤、迴紋針與紙之間巧妙的關聯？

安全警告

這個蛋盒絕對要在有大人密切監視的情形下才能讓寶寶玩，玩過之後也必須立刻收在寶寶拿不到的地方。以上所列的許多物件都會因爲幼童誤吞或錯誤使用，而導致嚴重的不幸後果。

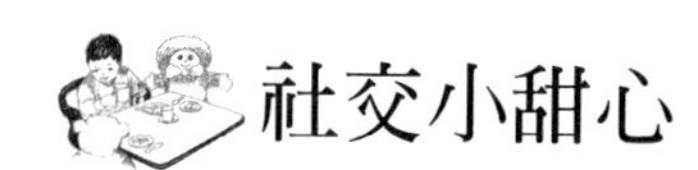

社交小甜心

「寶寶，你現在吃餅乾的時候，讓小珍玩你的娃娃好嗎？」

「小強，不可以丟沙子！」

「妹妹，不可以搶先，記不記得要排隊？」

身爲一位三歲幼童的家長，您對於以上這些提醒、說教和嘮叨，想必不陌生。每一個孩子都難免有行爲出軌，需要父母的勸戒與阻喝的時候，他們也都需要一些外在幫助，以修正錯誤，避免重蹈覆轍。

然而，您是否注意到，有些孩童似乎總是喜歡惹人厭煩，製造糾紛，老愛以負面的姿態和同齡的玩伴們相處呢？舉例來說，在您周遭的親朋好友家中，是否就有這麼一位所到之處如旋風過境般，搶人東西、推倒他人、好管閒事，還會踢人打人，一提起名字就令人頭疼不已，不由得不相信「人性本惡」的「小霸王」？

相對於上述的「小霸王」，您是否也遇見過幾位總是像小天使般的孩子？他們逢人總是笑嘻嘻的，喜歡不時給玩伴一個擁抱或親吻，樂於助人，並且會主動安慰哭泣中的陌生人。當他們在做這些令人心悅的事情時，他們表現得那麼自然、天眞與不矯揉造作，又令人不得不承認「人性本善」的理論。

到底人性是本善還是本惡呢？

心理學家們以「社交甜心」（prosocial）來形容上述這些人

與人之間友好性、支持性、幫助性的善意行爲。一位標準的「社交甜心」必定是對人富於關懷、同情及友好的動機。世上的人都喜歡和「社交甜心」來往，品嚐他甜蜜溫馨的友誼；世上的人也都暗自期望自己能成爲一位人人歡迎與喜愛的「社交甜心」，爲人父母者，更是樂於見到自己的子女成功地成長爲「社交甜心」，而不願意接受自己的孩子成爲別人眼中的「小霸王」。

如何培育孩子成爲「社交甜心」呢？一個孩子朝著「社交甜心」或是「小霸王」的方向發展，是從幾歲開始的呢？「社交甜心」的性向是自然天成，還是後天學習所得的呢？父母們能夠幫助孩子避免成爲「小霸王」嗎？

以下讓我們爲您仔仔細細地從頭說起。

人性本善

在一些學術研究中，專家們發現，即使是在襁褓中的小嬰兒，都會因爲聽到了其他嬰兒的哭聲，而跟著放聲大哭起來。這種有趣的行爲雖然夾雜了些許「人哭亦哭」的模仿成分在內，但是卻也清晰地顯示出人類所具有的同情天性（共同分享喜怒哀樂等情緒）。

同樣的，兩歲多的幼兒，雖然各方面的發展都仍然十分原始與稚嫩，但是他們卻已經能夠懂得在「朋友有難」的時候，主動地關心和安慰對方。還記得嗎？您的寶寶也曾在一年多之前，自動自發地願意將自己心愛的小狗熊讓給哭泣中的小朋友。這就是一種「人性本善」、愛人之心渾然天成的最佳例證。

唯我獨尊

然而，嬰孩與幼小的兒童卻又都是唯我獨尊，凡事總以自我爲中心的（egocentric），他們只懂得使用一種方式，也就是從他們自我的立場來觀察這個世界。

但是這也並不表示他們就是自私自利、狂妄自大或是損人以利己。他們只是尚且年幼，無法設身處地站在他人的立場來思考人生。舉個簡單的例子，一個三歲的孩子可能會將他心愛的小汽車送給媽媽當作生日禮物，但他絕對不會想到應該以媽媽的喜好來選擇禮物，他只是很單純、很一廂情願地相信，這輛他認為最好玩、最有意思的小汽車，媽媽必然也會最喜歡。他絲毫不懂得母親、甚至於世界上任何一個其他的人，會和他有不同的想法。

從察言觀色到善解人意

要從一個以自我為中心的封閉蠶蛹之中破繭而出，轉而以自由活潑的心思在人生舞臺上每一個不同的角落快樂地遨遊，是每一個成長中的兒童都必須努力完成的生命課題。

隨著寶寶漸漸地長大，他的自我中心意識會逐日地消減，取而代之的將是日益成熟，接受他人想法的能力（perspective-taking abilities），也就是客觀的能力。在這個人格陶成、汰舊更新的消長過程中，「社交甜心」的形象即會在不知不覺中成形、生長並且茁壯。

一般來說，大約在三歲到七歲的這段時間，兒童會對於周遭人物的愛恨情仇、喜怒哀樂，變得較為敏感和細膩。他們會從他人的表情、聲音、臉色、手勢及姿態上猜出對方的心意，也就是說，表面上看來童稚純真的幼兒，也開始懂得一些粗淺的「看人臉色而行事」的做人道理了。家長們可以明顯地從寶寶對於玩伴的「友情」及「交往方式」上，看出這些流露著成長訊息的重要改變。

就以現代人所流行的互贈生日禮物這一項行為來說，這其中所表達的意義，是建立並且維繫良好的友誼關係。一個成熟度仍然停留在以自我為中心的幼兒，會從一堆不屬於他自己的東西之中（例如，一粒石子、一片樹葉或是回收紙箱中一本過期的日曆），挑選一件作爲送給朋友的生日禮物，而這整件事情在他幼小狹窄的心眼中，更不是永久的。過了一會兒，當他覺得與友人的關係必須中止的時候，例如，兩人吵架或是必須分手回家了，三歲的孩子甚至還會指望並且主動要求對方退還禮物。

等到孩子再長大一點，開始懂得察言觀色之後，他所送出去的生日禮物即有了比較持久的意義。因爲當他看到受贈的朋友臉上所表示出難過與遲疑的表情時，他會想到：「我現在不能要回禮物，因爲××會非常傷心。」如此，寶寶慢慢地學會了善解人意，並且開始一點一滴地累積接受他人想法的能力。

同情、助人與合作

在寶寶所漸漸奠定接受他人想法能力的基礎上，更加成熟的人際關係，同情（因著另外一個孩子的憂傷與痛苦而產生的友好情懷）、助人（主動地對媽媽說：「我來幫你！」）與合作（與人一起工作達到共同的目的：「我去拿杯子，你倒水。」）也會相繼誕生。

然而，學術研究也發現，當三、四歲大的幼兒被指派將一堆獎品分給一群孩子的時候，他們必然會大方且直截了當地將最棒的獎品分給自己，而完全想不到自己的表現是否值得此份獎品，在他們以自我爲中心的腦海中，並不存在絲毫的正義、公平或道德感。當三、四歲的幼兒幫助他人的時候，滿腦子所想的多半是：「這是*我*喜歡的人」、「這是*我*少不了的人」、「他會給*我*好多回報」⋯⋯，「所以*我*要幫助他！」

反之，六歲的兒童即已能以粗淺的公平意識來「論功行賞」，並且因爲更加懂得設身處地爲人著想，而自然地做到不求回報、不爲己利的眞心助人。

捧紅「社交甜心」的祕訣

以下我們爲有心成爲「甜心媽」和「甜心爸」的家長們規劃了塑造一位「社交甜心」的最佳配方。

苦口婆心，耳提面命

學者專家們發現父母們直截了當地訓誨，不時地三令五申強調與人相處必須親愛友好的幼兒，他們所具備「社交甜心」的特質也較爲濃厚。

解釋後果比下達命令更有效

請家長們努力爲孩子解釋「善有樂報、惡有苦果」的人際因果關係，幫助幼兒因瞭解而發自內心地與人爲鄰。要知道，當寶寶在不明就理的情形下，無奈地接受與遵守的行爲指令，是最容易被打折扣的。

以「不可以打人」這件事爲例，所有的家長們必定都已清楚地「規定」孩子這一項「誡命」，但是與其硬性要求「不可以就是不可以」、「絕對不可以」，不如一再地解釋給寶寶聽，被打的人身心是如何地受到創傷，被打的人的父母會是如何地難過，往後這個被打的孩子必會遠離寶寶，以免繼續被打，他可能還會通知其他的小朋友也離寶寶遠一點。結果是愈來愈沒有人喜歡和寶寶做朋友，寶寶也就愈來愈孤單。這樣的結果，寶寶喜歡嗎？

愛的動力不多也不少

心中擁有強烈安全感的幼童們，個性較爲開放，對他人的不幸容易付出同情，是一群孩子中大家都喜歡的玩伴，尤其容易成爲「孩子頭」。

在一項相關的研究報告中，我們清楚地看出，在熱情大方、容易與人合作並且樂於助人的幼兒們心中，他們的父母都是溫暖且富於愛心的。也就是說，父母所給予子女豐厚無條件且信實的愛，正是造就「社交甜心」的最佳藍圖。

然而，過度的愛、過分的溫情和氾濫成災的獎勵，反而會變成無益的溺愛、放縱，不僅寵壞了孩子，也戕害了萌芽中「社交甜心」的生長。《教子有方》建議家長們，要小心掌握對於寶寶愛心的流量，千萬不要讓洪流般過多的愛心淹沒了孩子的成長，而要適時、適量，在寶寶最需要的時候，以愛爲甘泉澆灌孩子渴慕的心靈。

以身作則

最後一項也是最重要、最有效的一項，那就是俗語「有其父必有其子」所點明的，父母的言行舉止是最能影響子女的榜樣。醫學統計數據告訴我們，父母抽菸是子女抽菸的一個最重要原因，而父母想要幫助子女戒菸的最好方法，是自己先以身作則採取戒菸的行動，而不是一面叼著香菸，一面對孩子說：「抽菸傷身體，你不要學我，也不可以抽菸！」在教養子女人際關係方面亦不例外，古道熱腸的父母必有熱心助人的子女，寡情冷漠的家長，其子女在人與人之間的關係上，也必然是呆板生澀的。

親愛的家長們，在讀完了本文之後，想必您對於將寶寶造就成一位「社交小甜心」這件重要任務，已是胸有成竹，勝算在握了，但是《教子有方》仍要叮嚀您一句，別忘了要先將自己打造成一名「社交大甜心」喔！

家庭是一切知識的苗圃

本文原爲美國密蘇里州教育當局長久以來所公布，並分布傳閱的一份公共衛生教材，其內容與《教子有方》不遺餘力所推廣的教育理念十分相似，現摘錄於此，供家長們做一詳細的參考。

您知道嗎，每個人一生之中50%的智力發展，都是在出生到四歲之前這一段時間內完成的嗎？

這代表著父母們所扮演的子女啓蒙師角色有多麼的重要。您心愛的孩子一切學習技巧的根基，都是您在自己的家中可以提供的。孩子在家庭當中所接受到學前教育的質量，決定著他未來一生的教育前途。

以下我們列出六項幫助父母們啓迪子女心智發展、提高生命早期學習品質的好方法：

仔細用心地聽

當孩子說話的時候，您要真真正正地聽，聽他所發出來的語音，聽他所說的單字，聽他說話時的語氣，更要努力地去聽懂他所想要表達的意念。

成長中的幼兒必須學會將聲音、語言和其所代表的意義，成功且迅速地連結在一起，日後才能順利無礙地適應學校中各種不同的教學方式，承擔各門科目和不同性質的挑戰。

多多地開口對孩子說話

說話、說話、多多地說話，從孩子仍是小嬰兒時，就要養成習慣多多和他說話。在和孩子交談的過程中，您要努力幫助他區分相似語音之間的不同，並且鼓勵他模仿的口形，自己試試看是否發得出正確的語音。

帶您的孩子出去走走，對他訴說你們所看到和所聽到形形

色色不同的人、事、景物。如果您願意的話，還可以更進一步地帶領寶寶試著為萬物歸類：「蔥油餅是食物」、「小貓是動物」、「椰子樹是植物」、「天上的飛鳥和水池中的白鵝都有一雙翅膀」……。

此外，您還可以多多唱歌給孩子聽，記憶深處的童年曲調，當今流行的現代歌曲、軍歌、廣告歌、地方戲曲，甚至於即興的創作，只要您能哼唱成曲，三歲的寶寶必會興味十足地全心投入這段以音符為主的親子交流，並在無形中增長聽的能力。

每天讀故事書給寶寶聽

還記得馬克吐溫（Mark Twain）著名的小說《湯姆歷險記》（*The Adventures of Tom Sawyer*）嗎？書中的男主角湯姆裝模作樣，將原本受罰漆油漆的苦差事，表現得趣味盎然、樂不可支，把圍觀的路人誆騙得排隊付費來爭取漆油漆的機會。

家長們為孩子讀故事書的時候，不論心中真實的感受為何，也請務必要效法湯姆，表現出十分享受、十分喜悅的模樣，讓寶寶能「願者上鉤」地欽羨與期待閱讀的快樂，因而養成喜歡閱讀的好習慣。

讓您的孩子自由挑選一本他所喜愛的書，帶著他一起念，您可以不時地停下來問問孩子：「你猜接下來會發生什麼事？」不要錯過書中的插圖，記得要為寶寶對照地說明插圖的內容，並且邀請寶寶將您所說的人物與背景從插圖中指

出來。

養成帶孩子上圖書館和逛書店的習慣，牽著他的小手參觀一排又一排的書，讓他自由選擇借閱的書籍，在合理的預算內，為孩子添購一些「他的」書。

在您的家中為孩子安排一個「閱讀的角落」，尺寸適合於兒童的書櫃或書架，良好的光線，舒適的座位，再加上父母以身作則一同閱讀，成長中的兒童必然會一頭鑽進書本中的豐富世界，滿足地享受閱讀所帶來的喜悅。

帶著孩子舒展筋骨、活動四肢

在一塊清潔安全的地面上，幫助寶寶翻筋斗、左右打滾、直立、倒立、前後左右地走路，這些活動可以增強兒童控制大肌肉的能力。

家長們還可以準備一些大小不同的紙箱子、傳統的木頭積木、各式不同質料與花樣的碎布頭、湯匙、鍋蓋等不同的實物，讓寶寶隨意地觸摸、搓揉、敲敲打打，甚至於朝空中拋擲。藉著這些訓練小肌肉發展的機會，家長們可「順便」將許多不同的重要概念，例如乾濕、大小、軟硬、內外、上下、左右等，不著痕跡地輸入孩子的腦海中。

提供孩子參與的機會

成長中的幼兒必須擁有歸屬於家庭的感受，父母們的責任就是將這一層重要的認知，

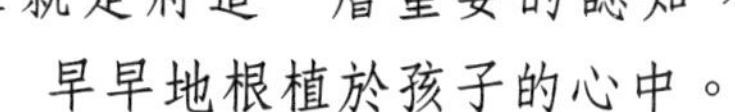

早早地根植於孩子的心中。

家長們可以多多提供孩子參與做家事的機會，清理環境，廚房中的洗、切、蒸、煎，精打細算的購物及安排一趟出國

之旅，都是日常居家生活中，孩子可以因著參與而真正成為家庭一分子的好方法。

別忘了，當孩子完成一項「壯舉」的時候，家長們請務必給予適當的讚美、鼓勵和肯定。

做好孩子心靈的守護天使

不要讓幼小的兒童看太多的電視，試著和孩子一同觀賞適當的電視節目，並且主動地和孩子談談電視節目所傳達出的各種觀點。當寶寶對某些事物產生錯誤的看法時，家長們也必須儘快地糾正。

提醒您！

- 細細撒下寶寶自信的種子。
- 由淺入深地為寶寶進行聽音的訓練。
- 要以身作則，造就「社交小甜心」。

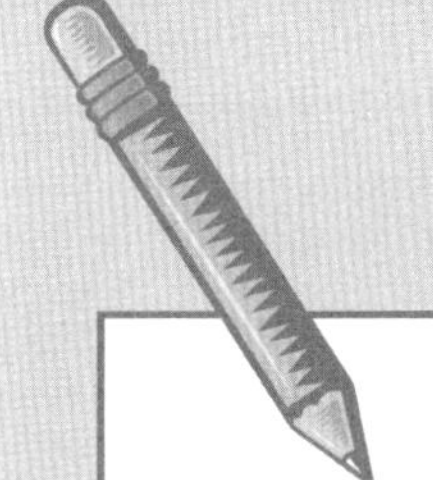

迴 響

親愛的《教子有方》：

我認為您的內容簡單扼要，精闢深入，並且密切地配合我的孩子的年齡。

我每個月都會期待著從信箱中收到當月的《教子有方》，絕對不會沒有時間來閱讀，並且還在同一個月內反覆溫習了好多遍。

謝謝您！

唐樹珊

美國麻塞諸塞州

第五個月

拆閱來自造物主的驚喜

《教子有方》的寫作目的，在於幫助父母們認識正在快速長大、每一天都在改變的下一代，以正確的引導和適時的推動，陪伴孩子快樂地進步與發展。正是因爲如此，我們經常爲家長們仔細描述「×歲寶寶的共同特徵」，以平均值和大多數幼兒的表現爲指標，來幫助讀者自我檢測子女的成長。

我們想提醒讀者，當您專注於孩子各方面「正常」的表現時，會十分容易地就在心中預先規劃好一幅生命的藍圖，並且熱切與努力地朝著將孩子捏塑成理想中的模樣而努力。然而，每一個孩子都有他與生所俱的獨特之處，這些並不是人人都有的長處或短處，就像是造物主精心包裹的禮物一般，正在心靈的深處等待你們一樣一樣地去打開。

在教育子女的這項重要工作上，我們衷心地期盼家長們能夠放棄爲孩子「預塑模框」的立場，改以「迎接驚喜」的心態，逐一尋找藏在孩子心靈深處的每一盒禮物，全心地接受每一項驚喜，秉持著因材施教的堅決心態，引導孩子大步地奔向生命的明日之屋！

天生的特質

俗話說得好，一樣米養百樣人，芸芸眾生中每個人的性情傾向都不相同，兒童們也不例外。每一個孩子都擁有屬於他獨特的個性和脾氣（personality disposition），這份個人氣質（temperament），主宰著這個孩子解讀世界的角度，並且左右著他的處事方法、態度及應對進退的風格。

許多家中有兩個以上的孩子的父母們，都可舉證歷歷地詳述這幾個同父同母、同一家庭中長大的孩子，是如何地從一出世，甚至於尚在母胎中，就表現出截然不同的性格與脾氣。

譬如說，有些孩子天生似乎就是性情開朗、個性隨和、時常歡笑，他們會主動對人表示友善，也因此贏得許多熱情的回報。在日常生活中，他們總是可以安安心心地倒頭就睡，一覺到天明，津津有味大口地吃，然後活力充沛、興高采烈地學習和成長。

同樣的，也有許多孩子從一出生就愛哭鬧，不論是喝奶、吃飯和睡覺的規律都會經常地改變，令照顧他的人感到特別的棘手。對於一切新的體驗，他們必然採取彆扭不合作的態度，他們時常要黏在父母的身邊，也有許多的時候他們會癟著小嘴不開心。

以上這兩種大相逕庭的個性，不僅會發生在同一個家庭中的親兄弟姊妹身上，即使是同卵雙胞胎，也時常會發生類似的差異。

江山易改、本性難移

後天的規勸、誘導、教養，以及整個外在大環境的經驗，可以影響並改變許多人的脾氣和性情；然而也有某些「頑強」的「天性」、「壞毛病」、「劣根性」，即使經過了許多年的刻意薰陶、改造和矯正，仍然會處處操控著孩子的一生。

針對《教子有方》讀者群中許多善於責備自己的家長們，尤其是母親們，我們願意提醒您，雖然您一直記得古人「養子不教父之過」的訓誨，並且一直以孩子的言行舉止為己任，但是有不少時候，真正的問題其實出在孩子的本性上。因此，我們建議家長們要適時適當地「放過自己一馬」，將自責與懊惱，化為洞悉寶寶問題的決心，如此才能真正幫助孩子戰勝自我、超越自我並且改善自我。

全心接納神祕的禮物

許多的父母們雖然懂得如何解讀孩子特有的性情與特質，但是卻無法面對、更加不肯接受這些特性。

例如，慣於沉默、安靜害羞的父母們，在教養天生活潑外向、好與人交往的幼兒時，可能會十分的吃力，並且倍感壓迫與不自在，他們必須先克服自我的心理障礙，才能成功地帶領孩子如魚得水地發展其資賦優異的群眾親和力。

反之，好客、愛熱鬧、善與人交往的父母們，也有可能對他們膽小安靜、喜歡獨來獨往的子女，感到十分的頭疼。

然而，正如前文所述，爲人父母的職責並不是要爲子女的未來「預設模框」。我們願意再一次提醒家長們，應抱著期待與開放的心態，熱心悅納孩子天生的性情與脾氣。想像您擁有一顆神祕的種子，在經過一段時間的耕耘育種之後，正欣欣向榮地挺立著兩、三片幼嫩的葉子，如果您在尚且看不出這棵小苗日後會長成參天巨木或是菟絲蔓藤時，即努力不懈地將成長中的幼苗修剪成您最喜愛遮蔭榕樹的傘形，如此的做法，您認爲妥當嗎？

何不耐心地等待，細心地觀察，從小苗每日的成長中，慢慢地揣測這棵神祕的植物究竟會長成何等模樣？如果是濃密大樹，您可在樹下納涼；若是玫瑰花叢，您可瓶中供養觀賞；而若是葡萄爬藤，您除了可以享受味美的果實，還可釀造醇美的好酒。瞧，如果您能秉持著「迎接驚喜」的心情來面對孩子的人格特質，其中的樂趣不是多得驚人嗎？

親愛的家長們，請您務必眞心地接受來面對造物主埋藏在寶寶身上那許多會令您大爲驚喜的「禮物」！

爸爸，我害怕！

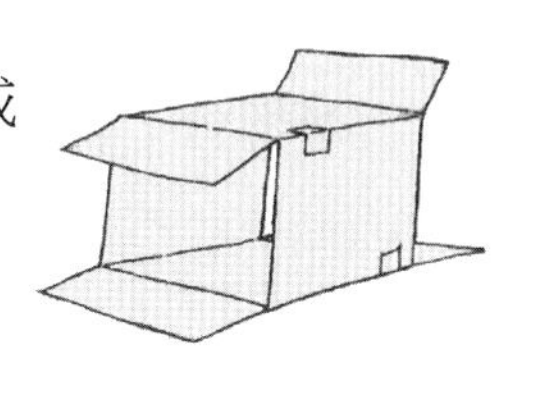

害怕是人類的本能之一，每個人或多或少都有害怕的時候，而這種情緒上所經驗到的驚慌和恐懼，更是成長過程中正常且不可缺少的一部分。

之所以說害怕是一種本能，是因爲其實害怕對我們而言，有著許多正面的意義。舉一些常見的例子來說，懼高症可以避免從高處墜落的危險，害怕小動物可以預防被咬傷，怕水不敢游泳是一種自我保護以防溺水的自然反應，怕黑更可以使人在黑暗中提高警覺以免發生意外……。

但是相對的，過分的害怕則會限制一個人與外在世界碰觸的層面，減少生活體驗的機會，對於成長中的兒童而言，更會是妨礙求知探索的重大阻力。

從兒童發展心理學的角度來探討這個問題，以下列出學術研究提供給我們一些如曙光般的認知，作爲家長們幫助孩子學習「害怕」這一門功課的基本綱要。

寶寶，你害怕什麼？

根據研究結果顯示，成長中的孩童所害怕的對象會隨著年齡的增長而汰舊換新，正因爲如此，我們對於不同年齡孩子「正常害怕」的定義，也必須隨之不斷的改變。

一般來說，三、四歲的幼兒最常會怕黑，怕與父母分開，怕如狼、狗、馬、大象等體形龐大的動物。這一類具象和臨場的害怕，多半會隨著孩子心智的成熟與體能的茁壯而自動消失。取而代之的是更爲抽象（abstract）的害怕（例如，害怕想像中的追兵、超自然的神鬼，以及恐怖小說中的懸疑情節），和害怕尚未發生的事（例如，明天早晨要去打預防針、等一會兒散步途中會經過的葬儀社，以及闖禍之後所預期的責罰）。

乖寶寶，你別怕

依照上文所述，如果三歲寶寶的害怕仍屬於自然、正常的範圍內，那麼以下這些來自於父母的確切幫助，必能引導寶寶快快地掙脫害怕的禁錮。

尊重孩子的害怕

當寶寶指著不遠處的一隻青蛙對您說他害怕的時候，請您千萬不可嗤之以鼻，以不在乎的口吻回答寶寶：「一隻青蛙有什麼好怕的？別這麼無聊！」要知道，這種否定孩子感受的做法，不但會傷害寶寶的自尊心和自信心，更會阻斷寶寶試著排解害怕的疏通管道。比較好的方法，是以平和的口吻回答寶寶：「喔！寶寶覺得大青蛙很可怕是嗎？」肯定並接受孩子在這件事上的膽怯。

鼓勵孩子說出心中的害怕

聽，請您仔細地聽寶寶爲什麼會害怕，努力找出寶寶最眞實的感受，不要以成人主觀的想法來扭曲寶寶所說的話。例如，當寶寶對您說「大青蛙很可怕」的時候，請不要毫不考慮地回答：「不可能，這家五星級飯店怎麼可能會有青蛙？」

不斷地讓寶寶知道您會努力保護他

供給他大量的愛作爲信心與勇氣的根源，幫助寶寶迎戰心中的害怕。例如：「別怕，爸爸和媽媽都會保護你，大青蛙不會傷害寶寶。」

轉移注意力

如果可能的話，容許寶寶暫時抽離可怕的現場，避免情緒繼續地緊繃。延續上例，您可以牽住寶寶的小手，甚至將寶寶抱在懷中：「哎！這兒有隻大青蛙，寶寶害怕，我帶你先出去一會兒，等大青蛙走了再回來好嗎？」

建設心防

等寶寶的心情稍微平緩與穩定之後，別忘了要耐心地開導他，想辦法幫助他克服恐懼，走出害怕的記憶與陰影。你可以利用書本中的圖片爲寶寶介紹青蛙，對他解釋青蛙是有益無害的小生命。甚至於您還可以利用青蛙在卡通或漫畫中可愛的造形，來消弭寶寶心中對眞實青蛙的恐怖印象。久而久之，也許下一次當寶寶再度遇見大青蛙的時候，他就不會這麼害怕了。

保持一顆平常心

最重要的一點是，請您一定要記得，三歲寶寶的害怕多半不會持久，並且會隨著年齡而消失或改變。這種現象是百分之百的正常，並且會發生在每一個成長中的幼兒身上。因此，假如下次您比寶寶先看到一隻大青蛙的時候，請先不要急著進入備戰狀態，驚恐地警告寶寶：「前面有一隻大青蛙，我們趕快換一條路走！」保持冷靜，靜觀其變，這一回，說不定寶寶會若無其事地一腳跨過大青蛙哪！

請勿諱疾忌醫

如果寶寶的害怕持續得很久，與他的年齡已不相稱，並且反應極端的強烈，到了令人側目的地步，家長們即需爲寶寶尋求專業的協助，早日找出問題的根源，解除捆綁孩子心靈的癥結。

表裡如一，整齊清爽

井然有序的生活，不僅只是一種整潔的雅癖，同時也是一種健康積極與高效率的人生模式。《教子有方》一向強調秩序

及架構對於兒童心智發展的重要性，早自寶寶仍在襁褓時期開始，多年以來，我們不時地鼓勵家長們，勉力為寶寶安排一個固定且有組織的有形生長空間，以及飲食起居作息規律有效的無形架構。隨著寶寶漸漸的長大，這份使命及期許也應慢慢地轉移到寶寶身上。最終的目的，是將一份條理分明、清爽、俐落的舒適氣息，揉入寶寶的生命中，助益他未來一生的行事作為。

整齊人生，由內而外

首先，我們希望寶寶的心靈世界是整齊清爽、井然有序的，他的喜怒哀樂應該要清楚明白，一切的意志思想也應該光明磊落、坦蕩開放。

其次，寶寶的身體也應該要組織詳實、結構嚴謹。他的每一項行動舉止更必須協調有秩序，如此，才能夠進而將規律與秩序延伸到他所身處的外在世界。

仔細分析寶寶的外在世界，我們大約可將之分為物體所占據的空間，以及事件所發生的時間兩大部分。

空間秩序

在此我們想要提醒家長們，當您帶著寶寶整理外在世界中的各個實物的時候，請把握住一項重要的原則，那就是一切的物體，除了要能一目了然看得清楚之外，寶寶還要能心領神會（perceive）各種物體彼此之間的相對關係與規律合理的式樣（pattern）。譬如說，小圓桌放在沙發的*旁邊*，椅子在書桌的*前面*，吊燈在餐桌的*上方*，諸如此類一物與另一物之間的相關位置以及其所構成的式樣，都是寶寶必須早早輸入大腦資料庫的重要知識。

這一項心領神會的能力之所以重要，在於幼兒如果因為某些原因而無法學會將空間中的實物，以合理的規則及式樣在腦海中分門別類，那麼日後他在就學的過程中，就容易發生閱讀、書寫，以及演算上的學習障礙。一個弄不清楚「6」的圓圈在右邊，「9」的圓圈在左邊，以及「上」的一豎在一橫的上方，「下」的一豎在一橫的下方的兒童，他無法藉著文字獲得知識，反觀他所身處的「空間世界」，也必定是極爲混亂，毫無章法可循的。

空間實習

如何幫助寶寶建立空間中的次序概念，避免日後的學習障礙呢？一點也不難，家長們可以藉著讓寶寶做家事，使得他在動手的同時，也能動動腦，磨練一些治理空間秩序的本領。

還記得我們一再提出的，讓三歲的寶寶自己整理房間的主意嗎？

整理玩具、分類衣物，甚至於在廚房中將餐具蔬果各自歸位，都是讓寶寶練習空間中規則與秩序的好方法，在日常生活的訓練中，寶寶會發展出優良的組織能力，以及心領神會歸納式樣的能力。想不到嗎？這些我們經常以爲「沒有什麼學問」的內務工作，居然是準備寶寶日後讀書求學的最佳途徑！

時間秩序

時間中的秩序，也就是每一件事情先後發生的相對關係，也是成長中的幼童必須學習的重要項目。

最基本的時間秩序觀念，就是有些事情是發生在「之前」，有些發生在「現在」，有些則是發生在「之後」。當幼童有了這些概念之後，他算是已經認識了這層抽象的秩序感。由此，孩子可以更深入、更廣泛地發展他在時間中的組織能力。

在寶寶日後求學的過程中，時間秩序有多麼重要呢？還記得小時候我們都會搖首晃腦地背書嗎？背書這件事，其實正是學童對於時間組織能力的最佳考驗，除非幼兒能夠將「床」「前」「明」「月」「光」這幾個字在時間中以正確的次序排列出來，否則他永遠無法成功地背出「床前明月光」。

時間實習

家長們該如何幫助孩子提升組織時間秩序的能力呢？洗腦式的提醒、講解與教導，在這件任務上是完全沒有用的。唯一最好的方法，就是鼓勵寶寶多多動手親自去做，大量累積實際的經驗，並由嘗試錯誤中自我修正，學會如何更有效地掌握生活中的時間秩序。

何不試著讓寶寶自己用肥皂洗手？這件事情對於成人而言，可說是一件不必經過大腦的小事，但是正如世上的每件事一般，其中仍會牽涉到固定的結構、次序及快慢。寶寶必須先打開水龍頭，弄濕雙手，關上水龍頭，將雙手抹上肥皂，再打開水龍頭，洗淨手上的肥皂，關上水龍頭，最後擦乾雙手，方才算是大功告成。三歲的寶寶在洗淨雙手的同時，也在無形中組織了一遍洗手的時間秩序。

總而言之，一個孩子如要成功地學會如何組織空間秩序和時間秩序，唯有勤快地多動手，多做家事，在每一次的實際經驗中，逐漸地達到能夠表裡如一，事事井然有序、條理分明的境界。

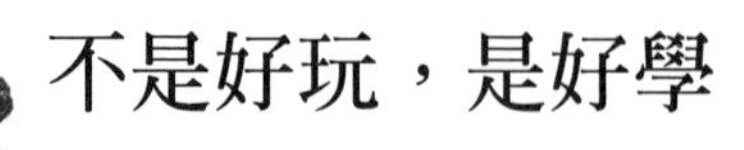

不是好玩，是好學

玩，是每一個孩子都必須經歷的成長過程，除了能帶給孩子與家人豐沛的樂趣之外，玩，對於幼小的兒童來說，還兼具了

許多其他的重要功能，因此我們也可以說，玩耍是生命的成長與發育過程中不可或缺的重要元素。

從兒童心理學的角度來談，玩耍可以刺激幼兒認知能力的發展，消弭緊張與焦慮，增加與人交往的機會，同時也是探索研究的好方法，根據「玩耍專家」（專門研究玩耍的學者們）的整理，三歲幼兒的玩耍包括了以下兩類：

自得其樂

比起年紀大一些的孩童，三歲的幼兒較常沉浸於此種自得其樂（solitary play）的玩耍之中，也就是說，寶寶會獨自一人，無視於外在的環境或周遭的人物，開開心心地玩得不亦樂乎。

您會發現三歲的寶寶可以樂在其中，完全不需他人參與地獨自消磨一段很長的時間，他玩拼圖，分類鈕釦、銅板，比對形狀顏色，剪剪貼貼……，經由組織排列及搭建玩具的過程，將各式重要的心得和知識深深烙印在腦海中，甚至能夠舉一反三地以反芻過的經驗，更進一步地自我挑戰。

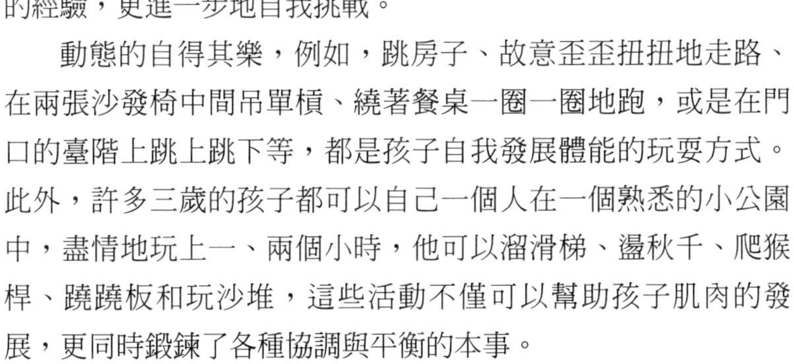

動態的自得其樂，例如，跳房子、故意歪歪扭扭地走路、在兩張沙發椅中間吊單槓、繞著餐桌一圈一圈地跑，或是在門口的臺階上跳上跳下等，都是孩子自我發展體能的玩耍方式。此外，許多三歲的孩子都可以自己一個人在一個熟悉的小公園中，盡情地玩上一、兩個小時，他可以溜滑梯、盪秋千、爬猴桿、蹺蹺板和玩沙堆，這些活動不僅可以幫助孩子肌肉的發展，更同時鍛鍊了各種協調與平衡的本事。

想像世界不孤單

三歲寶寶另外一種重要的玩耍方式，是藉著豐富的想像力，安然自得、一個人開心地玩，這種單獨想像的玩耍方式（solitary pretend play），簡單的說，就是編織有趣的幻想王國（fantasy play）。想像玩耍又可再分爲兩種，一是寶寶自己假裝扮演生活中其他的角色，另一則是寶寶在腦海中想像出許多不同的玩伴，一起熱鬧地玩。

自編、自導、自演

三歲的寶寶喜歡假裝自己是眞實世界中不同的角色，爸爸、媽媽、醫生、護士、警察和郵差這些生活中常見的人物，以及電影電視中的明星演員或虛構的人物，都是他一個人玩耍時喜歡扮演的對象。

當寶寶專注地融入他所扮演的人物中時，家長們不必在此時刻意加入，更不可故意打斷。您可以默默地冷眼旁觀，一方面欣賞，另一方面您可能會因而「偷窺」到寶寶內心深處所隱藏的小小心事。例如，寶寶會假裝是一個曾經欺侮過他的大孩子，但是主動加入他認爲這個大孩子所欠缺的禮貌，藉著角色扮演的玩法，將他原本無法控制、不愉快的經驗，以寶寶認爲最理想的方式重演一遍，製造出一個他較能接受的圓滿結局。

藉著角色扮演的遊戲，寶寶滿足了他對於周遭「和他不一樣」的人物的好奇心，並且安慰了自己不愉快的情緒，家長們不妨以樂見其成的心態，給予寶寶足夠的機會，幫助寶寶玩得眞切、有趣，並且有效。

假想玩伴

在寶寶所編導的想像王國中，還會產生許多湊熱鬧的人物，他們不僅是寶寶的玩伴，更可以是朋友和死黨。如此豐富的想像力，在幼小兒童的思考模式中，是極爲正常及常見的，家長們不必擔心，通常等到孩子五、六歲開始上學之後，自然會將對於假想世界的興趣轉移到現實世界的活動中。

至於目前，想像中的玩伴是寶寶可以任意差遣和使喚的跟班，他們提供寶寶心靈上所渴望的安慰與支持。例如，當半大不小的寶寶在爭取獨立自主的過程中，不時會陷於一種進退兩難的衝突處境，此時，他也許會在玩耍的過程中，自己扮演媽媽照顧想像中的小嬰兒，又或者他會假扮成裹在毛巾中的大嬰兒，躺在假想的母親懷中撒賴、喝奶。

三歲的寶寶也會藉著這種玩耍的方式來反應心中自責與不滿的情緒，例如，寶寶會在玩耍中製造一個尿濕褲子的孩子，任由寶寶責罵和管教，藉以自我提醒避免下次再犯。

對於寶寶這種旁人看來帶些有趣、也帶些怪異的想像玩耍方式，家長們該採取什麼態度呢？

首先，您千萬不要急著告訴寶寶，他的某一位想像玩伴並不存在、是假的，因爲寶寶的想像力極爲豐富，他隨時可以重新「召來」另外一個更佳的玩伴。

其次，請您別忘了成長中的孩子需要能夠眞實地感受人生和他自己，在他所編織的想像王國中，每一個虛構的角色都是百分之百安全、心甘情願成爲寶寶「磨刀石」的自願兵，讓他練習自我控制和控制別人的本事。

在我們看來，再也沒有比這種安全的想像世界更好的模式，能夠多功能地解除孩子心中的憂慮，滿足他的好奇心，沒有危險並且不受限制地探索世界。親愛的家長們，《教子有方》建議您搬張椅子，坐在一旁，安靜地欣賞寶寶所上演的齣齣好戲，拍幾張相片，錄一段影片，爲寶寶這個有趣的成長階段留下珍貴的紀錄。

上足了發條的小生命

家有一位三歲的寶寶，您是否時常對於寶寶旺盛無窮的精力感到嘆爲觀止，在自嘆不如的同時，是否也曾被寶寶似乎永無止盡的活力整得大呼吃不消？

三歲的寶寶整天就像個小火車頭似地東奔西跑、橫衝直撞；他可以像一隻小猴子般攀著樓梯的邊緣，爬上書櫃的頂層去拿一個脫了線的汽球；他也會一溜煙地鑽到沙發背後幫您撿起一隻遺落的手錶。假如您想安靜地坐下來爲寶寶讀一本故事書，他必是如一條小蟲般從頭到腳不停地扭來扭去，就算您強迫他坐好不許動，乖乖地聽故事，不到兩秒鐘的時間，他又會磨磨蹭蹭地滑到地上開始研究一隻路過的小螞蟻。您趕走了螞蟻，兩人重新坐好位子，還沒讀完一頁書，寶寶又開始拉扯您頸上的項鍊。「天哪！」您對自己說：「這個孩子是吃了興奮劑嗎？他怎麼一刻也停不下來啊！」

根據研究兒童活動級數（activity level，在單位時間內，肢體移動的幅度和頻率）的報告，我們知道這是一項會隨著年齡而改變的特質。一個生命的活動級數，從呱呱墜地的那一刻起就會持續不斷地增加，直到大約三到四歲左右爲巔峰時期。過了這段時期，這個孩子的活動級數就會一年比一年明顯地減少。也就是說，一歲大嬰兒的活動級數必定要比三歲的幼兒低，而七歲兒童的活動級數也不會比三歲的幼兒高。

沒錯，您三歲大的寶寶目前正處於他一生之中活動級數最高的階段，除非您的家中另有一位三歲的幼兒，否則寶寶的活動級數必定屬於全家之冠。

當然囉，同年齡孩子的活動級數也不盡相同，這種差異多半來自於先天的遺傳因素。在每一個年齡層次，男孩的活動級數都比女孩高，同卵雙生兒（identical twins）的活動級數幾乎完全相同，異卵雙生兒（fraternal twins）彼此之間活動級數的差別，則和一般的兄弟姊妹之間所存在的差異十分接近。

除此之外，外在環境也會影響一個生命的活動級數。例如，我們所觀察到一個有趣的現象，有一些活動程度本就非常高的幼兒，當父母們過分地限制他們的活動時，反而會變本加厲地變得更加強烈地動個不停。

父母們在面對三歲寶寶處於巔峰狀態的活動級數時，可以參考以下幾項重點，因勢利導，但不弄巧成拙地幫助孩子度過這個彷彿時時踏著「風火輪」，來去如飛，一刻不得閒的成長階段：

- 幼兒在上小學之前所具有的高度活動力，是一種正常的表現。大多數的幼兒都是心急如焚，一刻也坐不住，即使他們能夠持續集中注意力，時間也不會太長。
- 男孩通常比女孩更加好動，靜不下來。
- 對於幼小兒童的活動程度所做的調整與修正，應該以孩子本身的特質爲出發點，而不應由家長們主觀地決定。硬性強制一個好動的孩子坐著不動，多半是沒有用的。
- 稍微地更改外在的環境（例如，挑選比較短的故事書念給寶寶聽），通常會比較有效地使寶寶安靜下來。
- 仔細地分析寶寶的活動級數，以及他的活動方式，耐心地引導（例如，在寶寶精神最好的時候，與其在家中無效地限制他的活動，不如乾脆帶寶寶到公園去發洩他滿盈四溢的精力），合理地配合，是寶寶目前所最需要的幫助。
- 雖然您不時會因爲寶寶的好動和活力而被擾得承受不了，幾乎崩潰，但是請您千萬別灰心，更不可以氣餒，別忘了，再等一段不算太久的時間，等寶寶上了小學之後，他的活動級數自然會減少下來。

做個永不發火的好爸爸、好媽媽

您是否曾經情緒失控，大發雷霆，進而做出一些失去理智、令自己後悔的事？在教養寶寶的過程中，您是否也有一些類似的經驗？回想起來，您是否但願當時能夠克制住自己的脾氣，好使許多不應說出口的話和不該做的事，全都不會發生？

這正是每一位爲人父母者的共同心聲，《教子有方》願意引用阿爾伯特・艾利斯（Dr. Albert Ellis）所發展出的情緒推理法則（Rational Emotive Therapy），來幫助父母們有效地控制自我的情緒，避免怒火不必要的爆發。

爲什麼火山會爆發？

根據艾利斯博士的理論，如果我們將自己情緒上的反應全都歸究到別人身上，我們就大錯特錯了！

整套情緒推理法則的理論基礎，是假設每一個人的情緒完全由自我所控制，並且由自我所引爆。存在於每一個人內心深處的裡層想法（inner-thoughts），在潛意識的層面中帶領著我們情緒的走向。情緒推理法則能夠幫助我們看清這份原本「渾然不自覺」的裡層想法，並且在必要的時候加以修正和調整。

也就是說，艾利斯博士認為，當我們以為「都是因為寶寶剛才所做的那件事，我才會冒火發脾氣」的時候，我們已錯誤地忽略了裡層想法所扮演的關鍵角色，而將起因事件和情緒風暴直接以因果關係串連了起來。事實上，起因事件引發了我們的裡層想法，而裡層想法才是造成情緒風暴的眞正導火線。

在下表中所列出的情緒推理法則四部曲中，艾利斯博士清楚地分解了每個人的情緒發展，是如何從起因事件逐步產生裡層想法，進而造就出心情結果。

情緒推理法則四部曲：
第一步：起因事件（激起情緒失控的事件）。
第二步：裡層想法（內心深處自覺和主觀的認知，或是潛意識中不自覺的想法）。
第三步：心情結果（情緒的反應和當時的表現）。
第四步：推翻不合理的裡層想法（如此才能重新控制心中的感覺和相繼所發生的行為）。

在此我們願意舉個例子，更加清楚地為您說明裡層想法的重要性。

如果請您回答：「為什麼剛才吼了寶寶一聲？」這個問題，您的答案可能是：「因為寶寶穿著泥濘不堪的雨鞋直接就進到屋子裡來了！」

此時，第一步起因事件是「泥濘不堪的雨鞋」，而第三步心情結果則是「我吼了寶寶一句」。起因事件並不是您生氣吼寶寶的原因，情緒推理法則第二步，您的裡層想法：「又濕又髒的雨鞋在任何情形之下進到屋子裡面都是糟糕極了，惡劣透頂，絕對不可被原諒的行為！」才是眞正使您發火、發怒和開罵的原因。

假如我們能夠進入情緒推理法則的第四步，以較爲平和理性的想法，推翻並取代原本不合理的第二步裡層想法，那麼所產生的心情結果也必然隨之大不相同。

想想看，如果我們將上述第二步的裡層想法改爲：「糟糕，寶寶忘了將泥濘不堪的雨鞋脫在門外了，這件事情眞麻煩，但是情形還不算太嚴重。」那麼心情結果是否會因此而變得不再怒氣沖天，您也不會在盛怒中對寶寶吼叫了？

不動怒的方法

艾利斯博士的研究還讓我們瞭解到，如果將兩個不同的人置身於完全相同的引爆處境時，其中一人可能會立即發飆，將自己和周圍的人都炸得體無完膚，但是另外一人則可能是涵養功夫了得，不慍不火，冷靜自制地回應一切的張力和險境。這兩人之間的差別，在於他們的裡層想法完全不同，甲心中想的是：「太過分了，小妹今天怎麼又遲到，完全不把和我的約會放在眼裡！」而乙心中則想到：「小妹遲到這麼久，會不會是塞車了，或是臨時發生了什麼事？」瞧，兩種不同的裡層想法，是否會導致截然不同的兩種心情結果？

當我們發現自己的心情已經瀕臨失控的邊緣，此時最能夠即時澆熄怒火、化干戈爲玉帛的方法，就是迅速地找出當時的裡層意識爲何，仔細挑出其中不合理和過分的部分，修改矯正，以一個較爲合情合理的裡層意識來勝任情緒推理法則中關鍵的第二步。

愛恨情仇一念間

要能達到情緒上收放自如，行爲上「從心所欲不逾矩」的境界，我們首先要能清楚地找出埋在內心深處的裡層意識，看有哪些是不合理，對自己和對別人都說不過去的，而又有哪些能夠有效地幫助您脫離眼前的困境。

以下我們舉出一些實際的範例，供讀者們一目了然地自我分辨裡層意識的本質是否合理。

不講理的裡層意識

＊我的三歲寶寶在*每一方面*的發展都比不上對門王太太的三歲女兒，這件事眞是*太糟糕*、*太可怕*、*太嚴重了*！

＊我*每一次*都要*再*三地告訴寶寶他應該做的事，但是他*從來*不按照我的話去做，也*永遠*記不住！

＊我目前*最重要絕對不可*出差錯的工作，就是爲寶寶的發展打下*最好*的根基，使他日後在*每一件*事情上的表現，都是*最快*和*最好*的。

＊我說出來的*每一句*話，所下達的*每一項*命令，家人和寶寶都應該要*完全*照辦。如果他們不聽話，或是自動地打折扣，都*絕對*不能容許發生，我也絕對*不會妥協*！

＊爲什麼*每一次*都是我*最倒楣*？太可惡了，這些人*永遠*都學不會，*永遠*都不改變！正因爲如此，所以我*生氣*、*發火*、*暴跳如雷*是有原因、有理由的。我有生氣的*權利*！

＊除非我做的*每一件*事情能讓*每一個人*都贊同，否則我就是*完全的*失敗。

＊如果我得不到他人*全部的愛*，那麼我就是一個*不完美*的人，我在做人方面已*徹底的失敗*，我*永遠不可能*眞正的快樂起來。

合情合理的裡層意識

＊我愛我的孩子，不論他是好是壞，我都無條件地愛他。我相信每一個孩子的特質都不一樣，每一個孩子都有各自的優點和缺點，我還是不要拿寶寶和別的孩子比來比去的。

＊三歲多的孩子就是這個樣子，有的時候乖巧聽話，但也有

的時候對他說話不是相應不理，就是用不了兩秒鐘就忘得一乾二淨。即使如此，我還是喜歡他這個樣子。

＊我希望寶寶在人生的每一件事情上，都能盡其所能全力以赴。那麼，即使他考試不是第一名，甚至於是最後一名，我都不會介意。重要的是，他對人生的態度是認眞和努力的。

＊當家人，尤其是寶寶不聽我說話、不照我的指令去辦事的時候，情形會很混亂、很失控。但是沒辦法，人活在世界上就是如此，我也不可能強迫別人什麼都要聽我的，而我的意見也不見得就是最好的。

＊我會努力去改變我所能改變的部分，也會試著去接受我所無法改變的部分。但是我不會因爲改變不了的事而讓自己不開心。生氣和發脾氣只是徒增煩惱，於事無補。

＊世界上每一個人的立場和想法都不相同，只要我盡了全力去做，而且是眞心誠意地去做，就算得不到衆人的掌聲，我仍然要爲自己喝采，我也會爲自己感到驕傲。

＊能夠擁有他人的愛，得到他人的讚許和肯定，是一件開心的事！但是比較起來，我自己的想法、自尊和自重，卻是更加的可貴和重要。

上乘功夫，歡喜人生

在我們每個人的內心深處，都藏有許多不講理的裡層意識，這些想法每每在不經意的時候引爆我們的怒火，使得我們失控地做出一些事後悔恨不已的言行舉動。如果想要預防這些事件繼續發生，根據艾利斯博士的情緒推理法則，我們必須首先勇敢地找出這些惱人的裡層意識，逐一詳列，然後心平氣和地將之修改爲合情合理的裡層意識。

改變不是一件容易的事，尤其是當某些想法已根深柢固地存在意識之中時。改變更是一項極爲困難的自我挑戰。

但是，改變並不是不可能，只要我們多多練習，勇於付出努力，我們即可逐漸地改造自我，眞眞正正地擁有自我控制情緒、喜怒哀樂收放自如的上乘功夫。

親愛的家長們，當您和許許多多其他的父母們一樣，懂得如何運用情緒推理法則來教養子女之後，也許下一次當寶寶又是一個不小心將整杯牛奶打翻，潑灑得全身、桌子、椅子及地毯都是難以清洗的奶漬時，您的裡層意識可以從：「*太可惡了*，這個孩子怎麼*永遠*都是這麼不小心，*每一次*都打翻牛奶！」被修正爲：「啊，寶寶又闖禍了，牛奶最難清洗，但是怎麼辦呢？他只是個三歲的孩子，還需要多多的練習啊！下次他喝牛奶時一定要多加督導和協助！」

那麼，一場勢難避免的家庭風暴，即可被成功地轉化爲久旱之後的一陣甘霖。歡喜的人生，也就如此輕易地誕生囉！

提醒您！

- ❖ 不要為寶寶預設模框。
- ❖ 多為寶寶提供空間秩序和時間秩序的實習機會。
- ❖ 三歲的寶寶不是好動兒，他只是自然而然地精力旺盛。
- ❖ 加緊修煉控制怒火的上乘功夫。

迴 響

親愛的《教子有方》：

寫這封短箋，只想讓您知道我是多麼的喜歡《教子有方》！為人父母是我此生所做過最困難的一件工作，但是有了《教子有方》的幫助，知道孩子的發展十分正常，我真的安心多了。

藍玫瑰

美國阿拉巴馬州

第六個月

安安是故意的嗎？

親愛的家長們，讓我們先一同來讀一段安安的故事。

這是一個週末的午後，爸爸花了一個早晨的時間將浴室漏水的水管修好，書房的桌上，有一大疊必須完成的公事等著他去辦。爸爸也非常想先在沙發上打個盹再起來趕辦公事，但是他決定暫時放下手中的工作，撥出半個鐘頭的時間來陪陪三歲半的安安。

爸爸從玩具櫃中找出安安久久沒有去碰的小鐵琴，他用棒槌輕敲鍵盤，奏出許多簡單熟悉的童謠，安安也手持棒槌不時在鍵盤上添加幾個聲音，小嘴還有板有眼地隨著爸爸敲出的旋律，開心地哼哼唱唱。爸爸邊唱邊對安安眨一眨眼，安安也不時回報以天真可愛的微笑。此時此刻，如此一幅詳和甜美的畫面中，爸爸心中感到無比的幸福欣慰，安安也滿足快樂地享受著這一段和爸爸暱在一塊兒的貼心時光。

半個鐘頭很快的過去了，爸爸必須開始著手進行書房中待辦的公務，因此，他在安安的額上輕輕吻了一下，同時告訴安安，她可以繼續地敲敲鐵琴自己唱歌，但是爸爸必須去書房做一些事，不能再陪她一起玩了。

在爸爸起身進入書房之後，安安左顧右盼四處張望了一陣子，突然發現她可以用鐵琴的棒槌敲打廚櫃中的幾個鍋子，製造出比鐵琴更有趣、更好玩的聲音。

安安在驚喜之餘，於是更加興味十足、大聲用力地敲，她還從櫃子裡翻出更多的鍋子，準備高高興興大敲一場。

沒過多久，爸爸出現了，他非常鎮靜、禮貌且溫和地對安安說：「安安，爸爸需要專心工作，你可不可以不要弄出這麼多的噪音？」

安安規矩地聽完了爸爸說的話，但是當爸爸剛一轉身離去，她就繼續又開始了猛烈的敲打。在這個節骨眼上，安安心中突然產生了一股強烈的慾望，滿腦子只想製造出好聽、好玩又熱鬧的敲鍋子的聲音，這份著迷的心情，已經濃厚得比安安應該聽爸爸的話這件事還要深刻了。

爸爸再一次出現了。他的臉色很不好，看起來滿生氣的，他什麼話也沒多講，一開口就惡聲惡氣地大聲說：「安安，把鍋子收起來，不准你再繼續敲鍋子！」

安安滿臉無辜、委屈地注視著爸爸轉身離開的背影，有大約兩分鐘的時間，安安靜靜地抱著她的洋娃娃，沒有發出半點響聲。然而，她的目光突然又掃瞄到了屋角一個空的塑膠水桶，安安心裡想：「咦！這個水桶怎麼剛才沒有看見？我用鐵琴棒槌敲敲看，一定也會發出好玩的聲音！」安安先是小聲輕輕地敲，因爲太有意思、太好玩了，所以她漸漸地愈敲愈大聲，五分鐘之後，安安已經完全甩開了懷中的洋娃娃，將爸爸的嚴重警告拋到九霄雲外，雙手各拿著一支棒槌，大力猛敲倒扣著的小水桶，口中同時還興奮地尖聲高叫。

安安的故事說到此，讓我們暫時打住，和家長們共同思考以下的問題：

安安這個孩子是怎麼啦？她是故意不聽話、找麻煩嗎？

首先，對於安安而言，這個實驗太有趣了。「如果我用力敲這個水桶，下一步會發生什麼事情呢？爸爸會不會更加生氣地衝過來？」畢竟，即使安安所見到的是怒髮衝冠、吹鬍子瞪眼睛的爸爸，他還是很好看，是安安所喜歡的爸爸。比較起來，總比爸爸一個人關在書房中完全看不見要好得多呀！

換個方面來說，正如每一個成長中的幼兒一般，安安的好奇心會強烈地驅策她一秒鐘也不願意多等，她會不停地敲敲試試各種鍋子、水桶所發出的聲音，直到她自己認爲滿意，或是另有其他的事物轉移了她的注意力爲止。

想當然爾，爸爸一定又會出現在安安的眼前，這一次的結局會是如何呢？這會是一場家庭風暴的開端嗎？或是這會是對於爸爸和安安而言，另外一個生活中父女必須攜手共同度過的難關？

親愛的家長們，您認爲以上安安的故事應該如何結束？是應該根據安安的表現？還是應該根據爸爸的處理方式呢？

愛是容忍的

還記得那句老話：「上梁不正下梁歪」嗎？在人生的經驗中，爸爸「所過的橋」要比安安「走過的路」還要長；身爲一個成人，爸爸也有較多的機會，去學習如何控制自己的情緒與管理自己的一言一行；只要爸爸願意，他可以閱讀大量有關兒童發展心理學的書籍和文章，以能更加深入和透澈地瞭解安安的心情與想法，參考學者專家的意見，尋求最恰當的解決對策。

至於三歲半的安安呢？她當然沒有辦法閱讀任何有關成人（尤其是爸爸）行爲心理學的書籍，她無從尋求專家的協助，她唯一能夠採行的方法，就是最原始、也最直接的「嘗試錯誤」（試試看，錯了再說，下一次就明白了）的方法。

藉著嘗試錯誤，三歲半的寶寶腳踏實地學習人生，這其中即包括了爸爸容忍的上限何在、她自己的行爲如何設限等切身的問題。

因此，安安和爸爸衝突事件的結局，應該是全憑爸爸的處理方式來決定。安安是一個十分年幼的孩子，在每一天的生活中，藉著每一次與人、與事、與物的接觸，安安累積了經驗，也由此而一天比一天更成熟、更懂事。

想當然囉，在三歲半的孩子以嘗試錯誤的方法來學習人際關係的同時，也難免會發生十分「惡劣」的言行。以安安的例子來說，爸爸該怎麼辦呢？

我們認爲此時爸爸手中所掌握最有效的利器，就是耐心、諒解和大量的愛，如此，安安和爸爸之間的這場張力萬鈞的危機，才能因著爸爸明智的處理方法，轉變爲安安成長、爸爸欣慰的開心結局。

小題大做？

有許多幼兒在三、四歲的時候，都會因爲一點點小小的碰傷、擦傷而尖聲哭喊得上氣不接下氣，彷彿是世界末日即將來臨一般地傷心和痛苦。親愛的家長們，您的寶寶也曾經演出過類似如此賺人熱淚的感人大悲劇嗎？

也許您起初會緊張得以爲寶寶一定不是跌斷了腿，就是摔得內臟出血，否則他怎麼會如此的痛苦？然而，經過您一再仔細地檢查，看來看去，卻只發現一點輕微的擦破皮，只要抹上一些消毒藥水和貼上一小塊紗布，應該就沒事了啊！

那麼，爲什麼寶寶還是哭個不停呢？有兩種可能的原因，一是寶寶想藉著不斷的哭泣來爭取您的注意和關愛，另一則是出自於寶寶對於自己身體粗淺的瞭解和幼稚的認知。

心病還需心藥醫！

您三歲半的寶寶目前正處於一個半大不小的成長階段，感情的依賴對於他而言十分重要。寶寶需要確確實實地知道，他生命中重要的人物，會在他需要的時候，守候在他身旁，給予他百分之百的愛與鼓勵。

您可知道，「止哭」的配方其實很簡單。一塊急救膠布，經由您溫柔疼惜的雙手，呵護細心地爲寶寶貼上，寶寶藉此得以確認他在您心中的分量，並且得到了他萬分在乎的關愛和滋養，轉瞬之間，他即會破涕爲笑，臉上淚痕猶新，卻已生龍活虎地又蹦又跳，不再爲傷口難過了。

家長們甚至於連急救膠布都可以省略，只要摟住寶寶對他說：「寶寶來，別難過，讓媽媽親吻一下你的傷口，保證馬上就會比較不疼了！」寶寶必然也會因此而安靜下來，不再哭泣。

因此，當家長看出寶寶因爲一點小傷而「鬼哭神號」的伎倆時，請千萬不要因此而責罵、諷刺或是更加冷落寶寶，要知道，此時寶寶絕對不是因爲肉體的疼痛而哭，他是因心靈的軟弱，想藉著哭泣來爭取一帖唯有您才能調配出的愛的良藥！

摔壞了自己怎麼辦？

另外一個常使幼兒在受傷之後痛心疾首放聲大哭的原因，是當他們發現自己皮破血流的時候，以爲自己也像一只摔碎的玻璃杯般永遠的損壞，無法復原了！此外，在三歲半的寶寶尚且童心未泯的思想中，也許他會將自己的傷口和不小心戳破了的氣球聯想在一起，「氣球的氣會一直漏，直到漏光爲止，那麼我的傷口是不是也會一直流血，直到流光了爲止呢？」

正因爲這些童稚的想法，會使寶寶愈想愈傷心，愈哭愈大聲。此時，家長們只要爲寶寶貼上一塊急救膠布，順著寶寶的想法開導他：「瞧，貼上一塊膠布，寶寶的血就不會流光了。」「等過兩天拆下膠布，保證你的皮膚又是完好如新！」

如此，三歲半的寶寶在受傷之後的身體和心靈都會得到合理的慰藉。

在此時，來自父母們過度激烈的糾正：「寶寶，不可以胡說八道，乖乖貼上急救膠布，不許再哭了！」反而會是一種不但不會有效，反而可能弄巧成拙，讓寶寶哭得更用力、更大聲和更無法停止的方法。親愛的家長們，這種方法，我們建議您儘早棄絕，不再使用。

時間的遊戲

時間是生命最大的限制，每個人活在世上都必須面對時間的有限、時間的迅速流逝不停留，以及時間的無情。我們必須學會安排時間、控制時間，進而掌管時間。

三歲半的寶寶也不例外，他在眞正能夠領略時間的奧妙之前，可以先藉著日常生活中所發生固定事件的先後順序，以淺顯的方式，體會出時間的特性。

從無形到有形

時間，是一項非常抽象的概念，幼小的兒童唯一能夠窺探時間眞面目的方法，就是透過一些事件規律發生的先後順序，而將時間具體化。

想想看，在寶寶的日常生活中，是否有一些固定發生的事件呢？每天「早晨」媽媽煎蛋的香味，每天「中午」對門小學長長的鈴聲，每天「下午」賣冰淇淋的喇叭聲，每天「晚上」

爸爸收看晚間新聞……等大大小小的事，久而久之會幫助寶寶開始「認識」時間，懂得當聞到蛋香時就該起床了；聽到學校鈴聲時就可以吃午飯了；當賣冰淇淋的人經過門口不久之後，媽媽就會回家了；而當爸爸看新聞時，則表示寶寶該洗澡準備睡覺了。

就是這麼簡單，在每一天平凡的生活中，寶寶得以學會重要的時間觀念。

除此而外，家長們也可以主動帶領寶寶做一些聽口令做動作的律動遊戲和肢體活動，更加積極地幫助寶寶學會時間的次序及規律。以下我們爲家長們列出一些簡單的例子：

律動遊戲

1.「寶寶摸鼻子，再摸膝蓋！」

2.「寶寶手放在大腿上，現在假裝你睡著了！」

3.「寶寶跳得很高，手摸到天花板！」

4.「寶寶原地轉、轉、轉，停住，手摸地！」

5.「寶寶站得直直的、高高的，現在讓你自己變成最小最小的！」

6.「寶寶不小心摔了一跤，滾成一個小皮球！」

肢體活動

1. 盒中的小蚱蜢。媽媽說：「蚱蜢躲在盒子裡。」寶寶低下頭，抱著雙腿，蜷縮在地上。媽媽說：「蚱蜢跳出來囉！」寶寶伸展四肢，用力往上跳！

2. 踩蟑螂。媽媽說：「一隻蟑螂，兩隻蟑螂，踩！踩！踩！」當寶寶聽到「踩！踩！踩！」時，要輪流用力踩踏雙腳。

3. 滾老鼠。媽媽說：「小老鼠上燈臺，偷油吃，下不來，唏哩呼嚕滾下來！」當寶寶聽到「滾下來」的時候，要躺在地上打幾個滾。

4. 袋鼠競賽。讓寶寶踏進一個大的枕頭套中，雙手拉住開口的邊緣，從前門跳到後門，再從後門跳到前門。如果有其他寶寶的玩伴一同加入，您也可以為他們舉辦一場袋鼠競賽。然而，家長們務必要事先做好準備工作，消除比賽場地中的各式障礙物，慎防滑倒，兩個孩子彼此之間的距離也不可太近，以維護遊戲的安全。

規律的生活再加上以上這些有趣的親子活動，是家長們幫助寶寶成功地建立時間觀念最好的方法。一旦寶寶擁有了優良的時間觀念，日後在學業方面，不論是讀書、認字和數學演算，都會得到有效的助益。《教子有方》鼓勵家長們根據以上我們的建議，勉力為之。

外婆、奶奶、大伯、小叔

爸爸的爸爸是爺爺，爸爸的媽媽是奶奶，媽媽的爸爸是外公，媽媽的媽媽是外婆；爸爸的哥哥是伯父，爸爸的弟弟是叔叔，爸爸的姊姊是姑姑，媽媽的兄弟是舅舅，姊妹是阿姨……。

猜猜看，對於您三歲半的寶寶來說，這些血親關係和特屬的稱呼，究竟會是怎麼一回事？

此外，爸爸當面稱媽媽的爸爸為「爸爸」，對人則稱為「岳父」，媽媽對於爸爸的爸爸則不論是人前人後都以「阿公」稱呼。

再加上，媽媽的稱呼從「媽媽」、「老婆」、「王太太」、「陳老師」到「小妹」、「表姨」和「珍珍」……。

對於三歲半的寶寶來說，這些複雜多變的稱呼一開始時聽起來還算有趣，但是用不了多久，就會將寶寶小小的腦袋弄得頭昏腦脹，令他完全無法招架了。

如果您問一位三歲或四歲的幼兒：「家裡有沒有其他的小孩啊？」他可能會回答：「大寶和二寶，他們是哥哥。」

您接著再問：「他們是哥哥，那麼你是什麼呢？」寶寶也許會用力思考一陣子，然後認眞地回答您：「我是小妹哥哥！」

類似這種逗趣的「關係糾紛」，在您的日常生活中，想必也是笑料十足，層出不窮。然而，好笑歸好笑，身爲父母的您，該如何將這些複雜的親戚族譜逐一講解給寶寶聽，但又不會使他變得更加迷糊，弄不清楚呢？

根據我們的經驗，有一個非常有效的方式，即是利用「一大家子」的木偶或娃娃，爲寶寶標明爸爸、媽媽、爺爺、奶奶、兄弟姊妹和寶寶自己，然後邀請寶寶以「導演」的姿態來「擺布」這一家人。藉此，寶寶可以漸漸地弄清楚，爸爸是爺爺、奶奶的兒子，是媽媽的丈夫，是姊姊和他自己的爸爸；相對的，寶寶自己是爺爺、奶奶的孫子，是爸爸、媽媽的兒子，是姊姊的弟弟。

如此，剪不斷、理還亂的家族關係，寶寶當然是要花一段時間，出一些錯，鬧一些笑語，多多練習幾次，才能大致弄得明白。而當寶寶將這些小家庭中最基本的關係完全吸收之後，家長們可以再添加一到兩個家族娃娃，代表姑媽或表哥，讓寶寶逐步將他的認知層面往外拓展，直至凡是寶寶所該認識的親戚朋友，大致都可以認得清楚爲止。

別擔心三歲的寶寶會學不來，其實他對於你們每一位家族成員的身分和背景，是十分有興趣的。

萬物之靈總指揮——三之一

《教子有方》多年以來爲家長們所討論有關於寶寶成長發展的重點，多半集中於描述外表所能觀察到的成就，例如語言、跑跳、視聽等的能力，在這些肉眼可見的種種表現之後，所隱藏的是肉體和心靈的總指揮，也就是寶寶的大腦！

成長中兒童大腦的進展雖然是肉眼所看不見的，但是有許許多多令人不得不讚歎造物者巧妙化工的改變，正以驚人的速度快速地在進行。雖然說大腦的發展是一門極爲深奧的課題，但是我們認爲，如果家長們能夠對於其中某些部分多一些瞭解，您將能夠更加得心應手地在陪伴寶寶成長的同時，清楚地瞭解他小小的腦袋瓜子裡正在想些什麼事。

無庸置疑的，在生命早期所發生最重要、也是最快速的改變，就是中樞神經系統的進步和成熟。中樞神經系統（central nervous system）包括了大腦、小腦、脊椎神經及散布於全身的神經系統，以下我們願意簡要地爲家長們說明中樞神經系統在寶寶成長過程中所扮演的重要角色。

聽

首先，讓我們一起來看一看當媽媽對三歲半的寶寶說：「寶寶，去把地上那顆皮球撿起來，丟給媽媽」時，寶寶腦中所快速發生的各種動作。

媽媽的喊聲，會先在寶寶大腦皮質部音控區（auditory cortex）中引發一些初步的反應，同時，寶寶的大腦會立即封鎖外在環境中其他各種嘈雜不相干的聲音，例如，電視機中傳出的歌聲、窗外公共汽車駛過的聲音，或是屋內冷氣機嗡嗡的響聲，才能將媽媽的指令聽得仔細眞確。

除此之外，一旦寶寶的皮質部音控區接收並處理了這件新輸入的訊息，幾乎就在同時，重要的腦波訊號也會快速地傳射到大腦其他的部位。

此時，寶寶的腦海中會迅捷地展開一系列的思考與評估：「球？哪一個球？」、「球在哪兒？」、「我該如何去撿球？」、「怎麼丟球？」、「要丟多遠？」、「需要使出多大的力氣？」等衡量性的想法，會在幾千分之一秒的時間內完成。

看

現在寶寶的目光瞄到了地上的球，位於頭部後方的大腦皮質部視控區（visual cortex）會因而被激起最高強度的活動，和聽覺同樣的，此時凡是會干擾到寶寶專心看球的一切景物，例如，藍天、綠草、皮球附近的水桶和不遠之處正在盪秋千的兒童，都會被封鎖在視線之外。

執行

此時，大腦皮質部更高階層的管制中心，必須迅速規劃既有的資訊，設計出執行的程序，並且在同時之間與大腦其他的負責區域交流與溝通。這其中即包括了皮質部運動區（motor cortex），從這一個專司肢體大小肌肉行動的管理區中，即有腦波傳至寶寶的四肢肌肉，驅動他「蹲下來」、「伸出右手」、「撿起地上的皮球」。

接下來，寶寶的大腦必須更加精準地計算出手中皮球的幾何拋物曲線，以他所在的地方爲出發點，媽媽爲目標，加上小小手臂所能使出的力道，寶寶的大腦會先想一想他是否有能力將球丟到媽媽手中。

記憶

下一步，寶寶的大腦會啟動一個重要的功能，那就是記憶（memory），來幫助他解決眼前的問題。大腦的記憶中樞是一個神妙的機構，可以無止盡地輸入、組織、整理、儲存，並且在必要時正確地取用各種的知識。

因此，根據寶寶過去的「經驗」，也就是記憶中樞所庫存的資料，大腦會一一估計和推測出寶寶有沒有可能成功地將球丟到媽媽那兒。假如答案是肯定的，那麼大腦的記憶中樞又會繼續計算出寶寶丟球的方法，以達到目標，完成使命。

而如果大腦的結論是：「不可能，以我的臂力和手勁，我不可能將皮球丟到媽媽接得到的地方！」那麼大腦會提出一個補救的計畫，也許是驅動全身最強壯有力的右腿，大腳一踢，將皮球朝著媽媽的方向猛力踢過去。

從媽媽的眼中看來，在她對寶寶喊完：「寶寶，去把地上那顆皮球撿起來，丟給媽媽」之後，到寶寶撿起皮球，稍稍遲疑，踢回皮球，可能只是轉瞬之間。但是寶寶三歲半的大腦卻已嚴謹周密地運籌帷幄，透過驚人的組織管理能力，完成了媽媽的指令。

親愛的家長們，下一次當您再對三歲半的寶寶說：「寶寶，去把球撿起來丟給媽媽」的時候，《教子有方》建議您戴上想像中的「斷層掃描鏡」，透澈地欣賞寶寶的大腦如指揮官一般，帶領全身完成任務時，淋漓盡致，變化萬千，令人目不暇給的精采演出！

知道嗎？當父母們能夠對幼兒大腦發展所製造出的豐富產品，時時保持著一種深感驚異的心態時，養兒育女就絕對不會是一件無聊單調、令人生厭的苦差事了。

群體活動

在上一個月的《教子有方》中，我們爲家長們介紹了許多幼兒單獨玩耍、自得其樂的活動（詳見第五個月「不是好玩，是好學」）。在本月，我們則要爲您說明，當寶寶和其他的小朋友們在一起玩的時候，幾種常見的相處方式。

欣然旁觀

在這種有趣的模式中，通常都是有一個孩子會採取安靜的旁觀者姿態，凝神專注地研究、觀察並且欣賞另外一個孩子或是一群孩子熱鬧的活動。

也就是說，三歲半的寶寶此時所進行的，是一種雙手背在背後的旁觀玩耍（onlooker play），而當他「遠眺」其他孩子（們）的活動時，他可以在腦中默默地學習一些新的言語行爲，也可以培養一些勇氣和安全感，等到完全熟悉和放心之後，才會一躍而起，加入衆人的玩耍。

對於一個比較害羞、比較膽小或比較年幼的孩子來說，這種玩耍的方式，是幫助他進入一個完全陌生的環境或處境時，最好的暖身運動。

互不相干

當兩個（或以上）孩子彼此相距不遠地「在一起玩」，但是細看之下卻是各玩各的，彼此並沒有任何的交集時，我們稱這種活動爲平行玩耍（parallel play）。耐人尋味的一點是，雖然這些孩子們表面上看來是不折不扣、標準的平行玩耍，但是他們對於周遭同伴的一舉一動，卻是心知肚明、毫不含糊的。

平行玩耍是幼兒剛從欣然旁觀踏出腳步之後，所最常採取的一種較爲保守的參與方式，因此，如果家長們細心地觀察，將不難發現，寶寶會隨興地交替採取平行玩耍和欣然旁觀的方式，時而「埋頭苦玩」，時而「翹首觀望」。

結夥成黨

幼小的兒童從差不多三歲的時候開始，就會在各玩各的過程中，產生互相交換或是分享玩具的行爲。而當一小群幼兒聚在一起玩耍時，他們也會組織一個共同的活動，然後再各自以獨立的玩耍方式來完成這個共同的活動。例如，一群小朋友可能會決定：「走，我們去買菜！」然後一哄而散，各自拎著自己的購物籃，四散到屋內不同的角落去採買。

類似上述這種的玩耍方式，我們稱之爲結夥成黨（associate play）。在這種型態的活動中，每一個孩子彼此之間，互相交換或借用玩具物品的頻率會很高。但是，明眼的旁觀者只要稍微留意即可明白，幼兒彼此之間這些交易行爲的背後，其實並沒有任何的目的或意義。換句話說，當孩子們彼此借用橡皮、卡車、小狗熊等玩具的時候，他們並不是因爲眞正有需要而借，而只是單純的「爲借東西而借」。

有意思的是，當幼兒們彼此交換或借用的時候，通常都是十分的直截了當，沒有客套寒喧，也沒有趁機說說話，或是吃些點心，當他們達到借東西的目的，完成了「交易」之後，即乾脆地分道揚鑣，不再往來。

合作無間

合作玩耍（cooperative play）的活動方式，差不多從幼兒四歲左右的時候會開始逐漸顯現出來，並且會持續延伸直到孩子上了小學之後仍會發生。

這一類型的遊戲方式其實就是有組織的團體活動。簡單的從兩人同心合作砌沙堡，到複雜的分組玩躲避球，並切實遵守遊戲規則，都屬於合作玩耍的方式。

合作玩耍的遊戲方式，可以大量提升寶寶的語言能力以及察言觀色的「閱歷」。此外，孩子也可因而結交到許多的朋友。

扮家家酒

許多學齡前的幼兒，都十分熱中於將合作無間的玩耍與想像玩耍（pretend play）結合在一起，進而成爲有趣的社交幻想王國（social fantasy play），也就是我們俗稱的扮家家酒。

在社交幻想王國中，每一個參與的幼兒都被分配一個「角色」，大家各司其職、同心協力地做好一件重要的事。常見的扮家家酒，例如「結婚典禮」中，有人是新郎，有人是新娘，還有人是花童、招待、車夫等。在我們成人的記憶中，也多少存在著一些類似的童年經驗。

學術研究指出，經常參與社交幻想王國遊戲的孩子們，通常較爲合群，人緣較佳，在師長們的眼中，人際關係也比較好。這一類型扮家家酒式的活動，能夠容許孩子發揮潛在的領導力，學會控制自我的感受，並且藉著角色互換的機會，懂得如何設身處地爲人著想。

總而言之，一個年幼孩童的玩耍方式，從自得其樂（solitary play）逐漸進展到合作無間和社交幻想王國的過程中，這個孩子的身體、情感、應對進退以及生活層面的認知能力，很明顯的都會深刻地被這些活動所影響。

事實上，玩耍就是一個孩子最好的學習方式，親愛的家長們，請努力鼓勵寶寶多多地玩，盡興投入地玩，務必能讓玩耍成爲寶寶每日必修的例行功課。

柵欄在哪兒？

身為《教子有方》的忠實讀者，您一定早已感覺到我們一貫的立場，是鼓勵家長們儘量給予孩子多多的「自由」，讓他能夠充分地探索這個世界。也就是說，《教子有方》一向以來是比較站在寶寶的立場，為寶寶爭取各種的成長空間與學習機會。

我們一再地提醒家長們，讓寶寶「自由地」移動、觸摸、嗅、聽、說話，並且做一大堆有趣的事情，使他能夠真真實實、毫無阻隔地觸碰這個時刻環繞著他的廣大天地。

然而，「自由」的定義為何？假設我們接受「自由是以不傷害他人為限度」，那麼對於成長中的寶寶而言，屬於他的自由尺度又該為何呢？

經過規劃的自由

成長中的幼兒需要學習的自由，但是同時他們也需要嚴謹的生活架構。身為家長的您，應當責無旁貸地負起責任，為寶寶提供他所最需要的「經過規劃的自由」（structured freedom）。

以下讓我們藉著一個簡單的例子，來為家長們說明什麼才是「經過規劃的自由」。

對於三歲半的寶寶而言，手眼協調的發展進步是既快速又重要的。寶寶可以藉著塗塗寫寫、鬼畫符、亂塗鴨來鍛鍊手眼協調的能力。他應該要有許多唾手可及的蠟筆、粉筆、簽字筆和鉛筆等畫具，讓他能在想畫、想寫的時候，隨即能夠自由地作畫和寫字。如此，孩子才可發展出優良的手眼協調能力，以應付日後上學時的各種需要。

相對的，三歲半的寶寶也必須學會，唯有在某些特定的區域內，例如，一張紙、一塊黑板或是一面畫布，他才能放手自由地去發揮。有些父母們甚至於決定，將孩子臥房內的一整面牆全都刷上綠色的黑板漆，如此一來，在這一大面牆上，幼兒即可盡興地宣洩塗鴨的衝動和渴望了。

也就是說，在生活環境中，有許多其他的地方是絕對不可以隨意亂塗的。當您對寶寶下達規則時（例如，客廳中的牆壁、沙發和爸爸的白襯衫，是他絕對不可以塗寫任何創作的地方），您即已爲寶寶的自由做了一個合理的規劃。

在這個經過規劃的自由之中，寶寶擁有塗鴨的自由（他可以在特定的書桌或牆壁上隨意塗寫），但是他的自由是有界限（boundaries）的。從一方面來說，寶寶必須能夠自由地探索這個世界；然而從另外一方面來說，他也必須學會自由的定義顯然不是百分之百的隨心所欲，而是含有某些限制的。

韁繩和柵欄

曾經有人形容成長就是學習生命中的柵欄（fences）。在這裡所謂的柵欄，即是自由的界限。發人省思的是，在我們的年紀都還小的時候，柵欄所圍住的範圍也很小；隨著年齡的日漸增長，柵欄就會離我們愈來愈遠，所包容的空間也就愈來愈大。

對於成長中的幼兒而言，他的柵欄多半是由父母所架設。親愛的家長們，在您爲寶寶規劃自由的天地時，請把握住以下兩項重要的原則：

1. 在柵欄之內，寶寶必須能夠體驗到完全的自由和解放，猶如一匹脫韁的小馬般，可以在圍欄內的草場上忘情盡興地騁馳奔騰。

2. 寶寶必須學會柵欄何在，也就是說，他要能學會「可以」和「不可以」之間的差別。如何才能學得會呢？請記住，這是您的工作，每一位爲人父母者都必須肩負起這項責任，接受這項義務，清楚明確地教會寶寶柵欄之內和柵欄之外的天地，是多麼的不同。

愛的柵欄

親愛的家長們，請您千萬不要以爲替寶寶架設柵欄是一件很殘忍、很不人道、很沒有愛心的事。其實，當您成長中的寶寶在學習柵欄的方位和高矮時，他眞正學會的是一個鐵一般的事實，那就是：「爸爸和媽媽都愛我！」

想想看，在一個沒有限制的世界中，寶寶雖然可以隨心所欲、爲所欲爲，但是他遲早會感到迷惘、徬徨，他也會受到傷害，更會因爲無所適從而變得沮喪、挫敗和失去了方向。您的寶寶需要柵欄，也渴望柵欄，更加期待關心他、愛護他的守護者爲他架設合理的柵欄。

親愛的家長們，《教子有方》鼓勵您親自爲寶寶打造一個溫馨安適、幸福洋溢的愛的柵欄，早早教會孩子自由的眞正定義。畢竟，在成人的世界中，不也是處處都存在著有形與無形的「停」字交通號誌嗎？

幾何習題趣味多

三歲半的小孩子可以學做幾何問題嗎？沒錯！您的寶寶應該已經可以接受一些基本的幾何概念了。

1. 圓柱形（cylinder）教具，您可使用空的水果罐頭。

2. 圓球體（sphere）教具，您可使用一個舊的網球。

3. 長方形（rectangle）教具，您可使用空的面紙盒。

4. 圓椎體（cone）教具，您可使用一張厚紙自製一個尖尖的巫婆帽。

5. 正方體（cube）教具，您可使用一個木製的積木。

將以上所列的每一樣教具，都包上相同單色的包裝紙或漆成同一色調，以消除舊標籤或雜色花式所造成的視覺干擾。

教會寶寶每一個幾何教具的正式名稱，別擔心寶寶太小接受不了這些聽來高深的名詞，同時也避免使用「罐頭」、「網球」等實物名稱。如果寶寶回答：「這不是正方體，這是積木！」那麼您可以立即回答：「沒錯，這是一塊積木，積木就是正方體。」

當寶寶學會了兩到三樣物體的幾何名稱後，您可以將這兩、三樣物體放進一個大紙箱中，蒙住寶寶的雙眼，請他將小手探入箱中觸摸，並說出每一件物體的幾何名稱。每當他說出一個名稱時，讓寶寶取出該物，睜開雙眼，自己瞧瞧是否答出了正確答案。三歲半的孩子會非常著迷於這個遊戲的神祕氣氛和挑戰性質。

當寶寶將上述五項基本的物體全都摸得透澈不出錯之後，您還可以添加一些同樣形狀、但是大小不同的教具，讓寶寶清清楚楚地看到您將這些物體（例如，一個乒乓球、一小盒紙牌和一個特大號的奶粉罐）分別放到箱子中，再請寶寶蒙上眼睛，用手摸摸看。

親愛的家長們，您聰明的三歲半寶寶必定能回答出最標準的答案。請您別忘了要給予寶寶適當的肯定和稱許！

剪紙和捏麵

三歲半的寶寶需要有許多訓練手眼協調能力的機會，以下兩項傳統的手藝，即是既好玩又能培養孩子手眼並用能力的親子活動。

剪紙

準備一把安全剪刀，花幾分鐘的時間，爲寶寶解說剪刀的操作方式和安全使用原則。

一開始的時候，請先讓寶寶在您的注視之下練習一陣子，寶寶可以剪報紙或是沒用的廣告，不需剪什麼特別的形狀，純粹只是練習「剪、剪、剪」。

等到寶寶的剪工變得較爲嫻熟靈巧之後，家長們即可以爲寶寶設計一些剪刀功課。最簡單的作業就是用一支極粗的簽字筆，在紙上畫出一段既寬又直的線，讓寶寶試著剪開這條線。

有心的家長們還可以爲這個活動附加一些學習語言的機會，例如，您可在紙上畫一個穀倉和幾隻牛，再以一條粗線將牛和穀倉連接起來（如下圖），對寶寶說：「用剪刀剪開一條路，讓牛可以回到穀倉中休息。」

又例如，您可以說：「寶寶，你看，山坡上有顆小皮球，可不可以剪一條水溝，讓皮球滾到池塘中，讓小鴨子可以玩皮球？」（見右圖示）

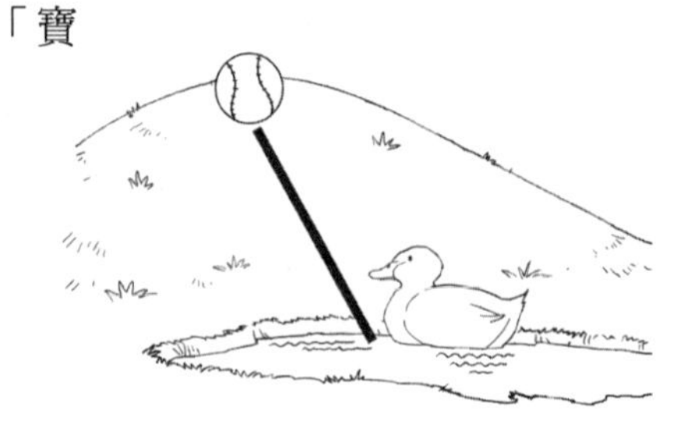

捏麵

利用自製的麵糰或是市售的黏土，帶著寶寶一起來「捏、捏、捏」。您可以邊捏邊說：「瞧，一條又直又長的蚯蚓！」、「哈，胖胖圓圓的熱狗！」或是「嗯，這麼細，這麼長，可以煮成麵條啦！」

家長們還可以帶著寶寶將每一項作品「評頭論足」一番：「我的項鍊比你的長！」、「這個燒餅怎麼是三角形啊！」或是「寶寶的橘子最大顆、最漂亮！」

提醒您！

- 三歲半的寶寶絕對不是故意的。
- 別忘了隨身攜帶有形與無形的急救膠布。
- 為寶寶架設愛的柵欄。
- 當寶寶在柵欄之內時，要記得為他除去韁繩。
- 寶寶的幾何習題出好了嗎？

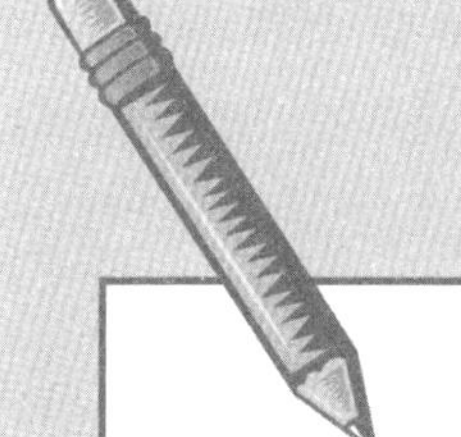

迴　響

親愛的《教子有方》：

因著《教子有方》，我知道我已變為一位比較好的母親，小女也成長為一位較為均衡發展且具有安全感的孩子。

每當我和小女「對上了」時，只要我一翻開《教子有方》，必能讀到您們早已準備好對於她情感與行為的精闢說明。而當我一旦懂得了孩子的所為何來，一股祥和、體諒與同甘共苦的美好情懷即自心中油然而生。

我願意陪伴孩子共同成長，牽著她的小手一起衝破難關，邁向漫長的人生旅途！因為有了《教子有方》，我不會再以不瞭解的心態去責備她、修正她，許多母女之間的大戰也不再爆發了。

謝謝您！

馬小文

美國麻塞諸薩州

第七個月

心情急轉彎！

四十三個月大的寶寶，從各方面來說，都已是愈來愈成熟了。他的一言一行、舉手投足之間，處處都流露著成長的訊息，他也像個小大人似地，整日奔波忙碌於屬於他的童稚世界中。在夜深人靜的時刻，您是否也會和許多其他的父母們一般，開始不由自主欣慰地對自己說：「寶寶長大了，眞好！」

然而，您或許也已經注意到了，隨著寶寶愈來愈懂事，在性格上，他似乎也逐漸失落了過去的一派天眞，不再總是無憂無慮，快樂開朗。有的時候，仔細瞧瞧寶寶微蹙的雙眉，不到四歲的寶寶看來彷彿眞有一些沉重的心事呢！

更令許多家長們感到困惑的，就是寶寶近來經常會發生的情緒大轉彎。寶寶的心情會像坐翹翹板一般，時而騰雲駕霧，時而沉落谷底，更令父母們瞠目結舌不知何言以對的，是這種一百八十度兩極化的大轉變，會在短短的幾秒鐘內，不由分說毫無預警地說變就變，不給任何人半點的迴轉餘地。

舉個常見的例子來說，當寶寶和同伴一起玩耍的時候，他很可能會前一分鐘還好端端的，友善親熱地和小朋友頭靠著頭，肩併著肩，同心協力一起搭積木，但是當您起身去喝了一口水再回到原位時，卻發現天下已經大亂，驚見寶寶正高高舉起手中的鏟子，滿臉凶狠地作勢要打他的朋友。

還有另外一種常見的情形，就是三歲半的寶寶會對同一件事情（例如剪頭髮），時而表現得篤定鎮靜，胸有成竹；時而卻是驚恐萬分，尖聲吼叫。

有很多的家長們，尤其是那些初爲人父母和個性嚴肅認眞的人，都會被寶寶這種類似「雙面夏娃」的弔詭舉動弄得幾乎要抓狂。父母們也經常會質疑：「我的孩子究竟是怎麼回事啊？」、「他是心理不平衡嗎？」、「是善變？是多重人格？還是性格分裂？」……。

別擔心，以上所列都不是寶寶的問題。但是寶寶這種不按常理出牌的行爲舉止，確實也有其發生的原因和理由。《教子有方》建議家長們在對寶寶的情緒急轉彎採取對策之前，先仔細熟讀下列各種不同的肇事原因，並試著站在三歲半寶寶的立場，來揣摩並體會他當時的心情感受。

「我是怎麼啦？」

首先，家長們不可不知道，當三歲半寶寶性情突然大變時，他心中的感受其實是非常的惶恐，不知應該如何是好。原因在於寶寶目前已經可以清清楚楚地感受到發自於內心的許多不同「感受」，而最讓寶寶弄不清楚並且覺得不可思議的，是在他的感情國度中，居然存在著許多完全相反的感受，這些感受包括了高興與哀傷、勇敢與害怕、親愛與仇恨……等。

在寶寶幼小的腦海中，他實在是不能明白爲什麼他會哭，也會笑；他可以親熱地與人擁抱，但也可以憤怒地大打出手！這種無法忽視的相對感受，正時時困擾著孩子稚氣的心靈，使他不得不經常停下來，想一想：「咦？我是怎麼啦？」

差別待遇

聰明的寶寶也已逐漸開始嚐到人情冷暖的滋味了。這些點滴在心頭的差別待遇，也正是令寶寶十分頭疼的一個難題。

想想看，當寶寶在不同的時間、不同的場合、對著不同的人大發一場脾氣後，他所得到的反應是否也必然是不一樣的呢？

爺爺奶奶可能會低聲下氣好言哄騙；爸爸可能會坐下來狠狠地訓他一頓；媽媽採取的是相應不理，假裝沒聽到的對策；而隔壁的王小妹則是以更大的嗓門和音量，哭喊著和寶寶對罵。有時即使是同一個人，反應也會產生天壤之別的差異。當寶寶手舞足蹈、興高采烈地拍手唱歌時，媽媽有些時候會起勁地加入，大聲地一同歌唱，用力地一起拍手；有的時候會邊講電話，邊面帶笑容地欣賞他的演出；而有的時候媽媽卻會大吼一聲：「寶寶，不許再這麼吵了，媽媽頭疼要睡覺！」

對於寶寶而言，這種種不同的反應，不僅需要多費猜疑，而且十分令他感到困惑與不解。不時地，寶寶也會在這種差別極大的回收過程中，受到各式不同的傷害。

「只要我長大！」

寶寶的「體積」，沒錯，就是他的身高和體重，也是一個令他心態不平衡的原因。

可以瞭解的，三歲寶寶小不點兒的身形整日被一群「巨人」所包圍，在他小小的心靈中，必會分秒感受到無比龐大的有形、無形雙重壓力。寶寶也必然會發現自己的藐小、無用和無能。

當然囉，寶寶知道自己正在一天一天地長高、長大、茁壯和成熟，但是心急如焚的他，經常會因爲等了好久好久卻還是很小很小的這個事實，而失去了等待的耐性。寶寶時刻期待著「只要我長大」的神奇日子早日來臨，但卻注定每天都會失望。親愛的家長們，想想看，以寶寶三歲半的稚齡，該如何去承擔這個令他難以接受的不爭事實呢？

「是夢還是眞？」

無法清楚地區分眞實與幻想，也是學齡前兒童較之於成人，十分「短路」的一個特色。正是因爲這項「短路」，帶給了寶寶各式各樣不可言喻的不安全感。

最常令寶寶感到困擾不已的，是他無法清楚地弄明白某些物體是否是「活」的，是否是有生命的。例如，天空中的白雲，變化多端，四處飄移，在有些三歲兒童的想法中，白雲是一種擁有獨立意識，能夠任意活動，自由改變型態與顏色，「活生生」的「動」物！

此外，由敞開的窗戶所吹進來的冷風，不僅會掀動窗簾輕拂寶寶的面頰，還會令寶寶打顫發抖；爐上的火焰也是如此，顏色形狀不定，並且還會燒痛寶寶的小手指頭。在寶寶的腦中，風和火不僅具有生命，並且還有攻擊性，比樓下會咬人的大狼狗更加使人害怕。

反之，枝頭靜止不動的小鳥、地上的蝸牛，甚至於沉睡中的小花貓，也會因爲一動也不動，半天沒有任何的改變，而使寶寶誤以爲牠們都是沒有生命的「靜」物。

正是因爲以上所列這些「奇奇怪怪」的迷思，寶寶的內心世界目前充滿了矛盾、衝突、兩極化的張力和不知何去何從的徬徨。您可以說寶寶的內心是有些齟齬不協調的地方，但這是成長過程中必經的一段顚簸歲月，只要不造成他人太多的不便與痛苦，等到寶寶漸漸地「開竅」了，即可重新擁有平靜的心靈狀態。

然而，正如許多的大人是「肚子裡藏不住心事」一般，寶寶也會「貌隨心變」，不時地展現出神乎奇技的「心情大轉變」！

愛子心切的家長們除了要先確定自己的情緒不會隨著寶寶的起伏而「隨波逐流」，更要主動肩負起撫慰與引導的工作，幫助寶寶安穩地駛過急湍逆流。

您該怎麼做呢？以下是我們的建議：

修直補平寶寶的成長道路

1. 首先，對於隱藏在寶寶內心深處，造成他情緒急轉變的眞正原因，家長們務必要細心與體貼地努力發掘，眞心誠意地接受，並且設身處地去瞭解。因此，《教子有方》建議家長們所應進行的第一步，就是打開您最強力的「心靈探照燈」，仔細搜尋寶寶心靈深處的每一個角落，將一點一滴令他不安、害怕、不明白和膽怯的原因，不論是否合乎邏輯，全都整理出來。

2. 多多益善地提供給寶寶持久穩定的安全感。如何辦到呢？不難！只要家長們用心地為寶寶設下前後一貫，不會經常改變，更加不會互相矛盾的行為準則，和固定規律的生活作息，那麼寶寶在他小小的天地中，會很快地體會到一種凡事皆可準確預測的信心。由此，他會感受到周遭環境的安全和穩定，並且漸漸地生出大方坦然的膽量和勇氣。

假設您有一位朋友，他的性情多變，捉摸不定，對您的友情時濃時淡，令您無法掌握，那麼您在這層人際關係上的感受是否會極為不安，毫無信心可言？

再試想，當您駕車行駛在一個完全不用遵守任何交通規則或號誌的城市中時，您的感受想必也是抓狂多於自在，緊張大過快樂。

三歲半的寶寶也不例外，父母管教規則清楚明白的孩子，其實內心是很安全的。反而是那些言語行事可以為所欲為，飲食起居也是隨興所致，不需遵守任何時間表的幼兒們，雖然表面上看來正享受著父母不願施予壓力和限制的愛，但是在他們的內心深處卻必然是惶惶不安、極度缺乏安全感的。

3. 爲寶寶營建一個富於教育意味的生長環境。知道嗎？當成長中的孩子在生活以及遊戲中學會新的本領，變得更能幹、更「高竿」的同時，他會累積豐富的經驗與心得，並且由此而培養出強烈的自信，以及難能可貴的自尊與自重。

《教子有方》的讀者們可以利用我們每個月爲您介紹的益智玩具和親子活動，來充實寶寶的生活，安排他的思想，並且穩定他的情緒，避免寶寶的心情經常波濤洶湧，起伏不定。

4. 做一名忠實的聽衆。靜靜地聽寶寶說許多許多的話，以簡單但是不具有任何暗示的語氣，例如：「嗯！然後呢？」、「是這樣的啊！」，或是「喔！還有呢？」等等，鼓勵寶寶多說。除非寶寶提出一個問題徵詢您的答案，否則請家長們不要主動提供意見，要忍住想打岔的衝動。

如此，您會聽到許許多多寶寶的內心話，從這些話語之中，父母們經常會恍然大悟：「原來寶寶的心裡是這麼想的，難怪他會……。」

5. 努力戒除「批評」寶寶的習慣。不論您是善意的、惡意的、有心的或是無心的，都請您千萬別忘了，寶寶幼稚不成熟、沒有道理，甚至於荒唐可笑的言行舉止，其實是一種學習、一種嘗試和一種成長。

來自於親人，尤其是來自於父母的批評，非但不是寶寶所期望的，而且經常容易嚴重且深刻地刺傷寶寶的心。建議家長們以鼓勵取代批評，將失望化爲同情，在每一分每一秒的歲月中，以一顆開放且尊重的愛心，禮貌且睿智地參與寶寶的生命。

6. 不要疏忽寶寶從無言的肢體動作、臉部表情和飲食睡眠型態中所透露出的無形訊息。家長們必須即時地針對這些反映心情狀態的蛛絲馬跡，採取低調的處理方式，旁敲側擊地引導寶寶打開心門，主動地說出一些甚至連他自己都還弄不明白的、「怪怪的」感受。

總而言之，四十三個月大的幼兒雖然表面上看來已是個小小的「大孩子」，但是在日常生活中，卻仍然有許多成人們看來理所當然、無庸置疑的道理，寶寶必須繼續努力，才能克服障礙，融會貫通地達到完全瞭解的境界。

在目前這個一知半解、迷惘困惑、缺少安全感的階段中，您三歲半的寶寶必然會時常經驗到大幅度的情緒波動，他會努力地去學習自我平衡的方法與竅門，但是同時，寶寶仍然需要您大量充沛的關懷、安慰和體諒，在這一段不算短的成長過程中，您應該信實地陪伴，耐心地守候，並且樂觀地預祝他的成功。

親愛家長們，這不是一件容易的工作，也不是一件簡單的工作，更不是一件短期內即可完成的工作，也許您已開始大呼吃不消了，但是《教子有方》願意提醒您，普天之下，唯有您才是幫助寶寶度過情緒急轉彎期的最佳教練與親密戰友，請您務必要勇往直前、當仁不讓地一肩扛起這份「三歲半」的擔子，爲建立孩子一生積極光明、自信滿滿的人生觀。大方地付出您愛的心血吧！

學習總在趣味中

您三歲半的寶寶還不需要正襟危坐、有板有眼地坐在書桌前才算是學習，還記得《教子有方》在過去三年多來一直強調寓教於樂的幼教方式嗎？我們由衷地相信，幼兒們從趣味的遊戲中所學到的知識和經驗，必能深植小小的心田，並且隨著寶寶的成長迅速地抽芽生長，發展成足爲棟梁之材的結實良木。

這個月我們為您所介紹兩項既有趣又好玩的親子活動，可以鍛鍊寶寶敏銳的觀察力，刺激語言的發展，並且增加物體之間相關性的認知。

此外，這兩項遊戲都是變化多端和富於彈性，可以隨著寶寶的成長而增加難度，相信不論是大人或是小孩都會玩得津津有味，樂此不疲。

猜猜我看見什麼了？

目的：這個遊戲的目的，是讓寶寶練習在聽了您的重點描述之後，正確地指出一項物品。

教材：在寶寶的生活領域中，例如，臥室、餐廳、廚房等，挑選幾件寶寶已經可以容易喊出名稱的物體，例如，餐盤、剪刀、戒指、棉花球、牙籤等，全部排列在一張桌面上。

基本玩法：先讓寶寶逐一將您所選擇的這些物品過目一遍，稱呼一遍，讓您得以事先確認寶寶喊得出每一件物體的名稱。

然後您可以告訴寶寶，您將會先想好一樣排在桌上的物體，說出幾個這件物體的特徵，然後請寶寶來猜猜這件物體是什麼？

例如，您可以和寶寶並排坐在桌前，先對寶寶說：「我現在看見了一樣圓圓的、硬硬的東西。寶寶猜猜那是什麼呢？」（餐盤）

「我現在又看到另外一樣也是圓圓的、硬硬的東西，但是這樣東西可以戴在手上。寶寶猜猜看是什麼啊？」（戒指）

「我現在看到的這樣東西細細的、尖尖的，寶寶猜得出來是什麼嗎？」（牙籤）

變化玩法：這個遊戲的變化非常多，以下僅列出幾種常見的變化，讀者們可以根據您與寶寶的各種靈感，自由地將之活潑地應用：

- 在一個獨立的空間中（例如，候車室、浴室等），以室內的陳設爲題，來和寶寶玩這個遊戲。
- 拋開視線與目光的限制，所猜之物僅存於家長和子女的腦海中，例如：「我現在想到一樣東西是長方形的，上面有可愛的嬰兒相片。」（《教子有方》系列書）
- 讓寶寶和您互換角色，由他出題您來猜。
- 等寶寶的語言能力再進步一些的時候，您還可以將謎題變得更加複雜一些。例如：「我看見一個圓圓的，皮做的東西，寶寶猜得出來是什麼嗎？」（籃球）

這個遊戲還可以在不同的場合，以不同的方式來進行。例如，您和寶寶可以兩個人一起躺在床上，天馬行空地猜著各種不同的物體，也可以在搭乘公共汽車時，以車箱內的景物來作爲猜謎的內容。

知道嗎？曾經有親子雙方都十分沉醉於這項遊戲，而在多年之後，雖然寶寶已經長大成人，但是孩子和母親間仍然喜歡彼此猜猜對方的心事，將這項趣味的幼教活動，轉化成親子間細膩溫馨的相處習慣。這也是爲什麼我們願意大力向您推薦這項親子活動的原因之一。

誰是一家人？

目的：這個遊戲不僅能增進寶寶的語言能力，還可以激發寶寶對於物體之間各種相關性的全方位認知。

教材：將家庭中有些雷同、但又不完全相似的物體，一雙一雙地配成對。例如，紅蘋果和綠蘋果，塑膠水杯和瓷茶杯，梳子和吹風機，湯匙和叉子，原子筆和鉛筆，牙刷和牙線等等，都是理想的教具。

基本玩法：在一張大桌子上將六對到八對您所準備好的教具隨意地擺放。請寶寶站在桌前一個可以將物體盡收眼底的位置

（如果有需要，他也可以站在桌前的一張椅子上），接下來，您可以先隨手拿起桌上的一件物體，清楚地問寶寶：

「你看媽媽手上拿的是什麼啊？」

「一顆紅蘋果。」

「那麼寶寶可不可以幫忙媽媽找找看，紅蘋果的家人在哪兒呢？」

「哪一個家人？」

「喔！就是和紅蘋果長得很像的那一位啊！」

容許寶寶花很久的時間慢慢地思考，仔細地比對，如果寶寶選擇了一個錯誤的答案，請鼓勵他重新來過，再試一次。如果寶寶很快即答出標準的答案，請您也不忘即時給予適當的喝采。

變化玩法：當寶寶能將桌上所排列的每一對物體都正確地配對之後，家長們還可進一步地挑戰寶寶的思路。

- 「紅蘋果和綠蘋果爲什麼是一家人呢？」

寶寶也許會回答：「可以吃呀！」

您可以接著再問：「紅蘋果和綠蘋果有些什麼不一樣的地方呢？」

寶寶可能會回答：「紅蘋果是甜的，綠蘋果是酸的。」

或是：「簡單，皮膚的顏色不一樣。」

您會發現寶寶的答案，往往是意想不到的有道理呢！

- 擴大「一家人」的範圍

您可以在原本的桌上選出一組物體，趁寶寶不注意的時候，添加一到兩樣相關的項目。例如，您可加入一雙筷子和一支飯杓，在寶寶將湯匙和叉子成功配對之後，繼續追問：「寶寶再看一看，好像還有湯匙和叉子的一家人喔？」

這時，寶寶會定睛凝神，仔細再找。他可能會驚喜地拿起筷子，那麼您可再問：

「對啦！筷子也和湯匙是一家人。還有沒有呢？寶寶再看看還有沒有？」

如果寶寶又再找出飯杓，此時您可以大聲歡呼：「哇！寶寶眞是太棒了，原來飯杓也是一家人耶！那麼寶寶要不要*再*——（此處可提高聲調加重語氣）找一找還有沒有呢？」

過了一會兒，寶寶會失望和迷惑地抬頭望著您，表示他找不到更多的餐具，此時您可以回答：「是不是沒有了？再看一看是不是找不到了？」

寶寶會迅速地瞄一眼桌面，對您搖搖頭，此時您即可見好就收：「嗯！媽媽也覺得沒有囉！是找不出來了！」

- 讓寶寶來做「考官」，挑選一樣桌上的物體，來考考媽媽連連看的本領。此時，您可故意出錯，試試看寶寶是否能即時糾正您的錯誤。
- 最難的一種玩法，是由寶寶來出題。請他去張羅兩到三組成對的物體，由媽媽檢查無誤之後，一起來考考爸爸的配對能力。

相信以上這兩種有趣的益智活動，必能爲您和寶寶帶來許多溫馨逗趣的美好時光，《教子有方》鼓勵讀者們能夠善加利用，由淺入深地陪著寶寶邊玩邊學，千萬不要過分心急地增加遊戲的難度，更不可以因爲寶寶玩得不好而責備他。

別忘了，我們以上爲您所介紹的是兩種好玩的遊戲，而不是兩門必修的功課喔！

萬物之靈總指揮——三之二

在我們的想法中，父母們對於寶寶「小小腦袋瓜子」裡所擁有的一些基本知識和瞭解，會大大的幫助他們清楚透澈

地體會與想像孩子目前所處的發展階段，以及孩子此時最需要的支持與協助。

因此，延續第六個月「萬物之靈總指揮——三之一」一文中所討論有關於幼兒大腦的發展過程，本月我們要帶領您繼續深入掌管寶寶生命的中樞神經系統（central nervous system，包括了大腦、小腦、脊椎神經及散布於全身的神經系統），一探這個神妙無比的「主控室」。

克盡職守的總指揮

中樞神經系統的成熟與生長，是發生在學齡前幼兒身上最重要的一項進展。在這短短的幾年內，大腦的成長速度，更是居於全身各部細胞發展之冠！

您知道嗎？一個人的腦細胞總重量，在三歲半的時候已經超過其成人時總重量的75%，到了五歲的時候，即已達到成人時腦細胞90%的重量了。

比較上說來，人類的體重在五歲的時候，大約只占其成年之後體重的30%。也就是說，我們人類腦部體積與容量的發展，大約在五、六歲左右的時候即已大致大功告成。

當然囉，腦細胞的總重量僅只是腦功能發展的指標之一，其他還有許多更重要的改變，以下我們將為您逐一地解說。

- 小腦（cerebellum）：專司人體平衡以及肌肉協調。
- 大腦皮質部（cerebral cortex）：是人類腦部組織中最為重要，也是所占面積最大的部分，由一層灰色的神經細胞所構成。

人類的記憶與智慧都發生在大腦皮質層中，感官的功能（視覺、聽覺、味覺、嗅覺和觸覺），也全都是由皮質層中的特定部位專司其職。

- 神經細胞（neurons）：是又細又長的通訊細胞，專門負責將外在世界中的一切資訊，透過看、聽、聞、嚐和摸，以我們所能瞭解的方式，傳回腦部組織中。

在一個生長發育完全成熟的大腦中，大約存在有將近一百億到兩百億的神經細胞，最令人嘆爲觀止的是如此龐大數目的神經細胞彼此之間居然可以條理分明，並且錯綜複雜地互相接連在一起，形成了一個超極龐大的巨形網絡！

親愛的家長們，您可以想像得出，這麼多的神經細胞是如何能夠同時存在於我們的腦部組織中嗎？事實上，有些腦部組織在每一立方英寸中，就緊緊連結了一億個神經細胞（也就是每一立方公分的組織中，就有一千五百五十萬個神經細胞），組成了一張精緻細密、巧奪天工的通訊網。

- 神經細胞外膜（myelin）：是一層由脂肪所構成的保護膜，覆蓋在大多數神經細胞的外層。一個神經細胞形成外膜的過程，醫學上稱之爲「外膜成形」（myelinization）。

神經細胞外膜會大幅增加每一個神經細胞傳送資訊電流（neura impulses）的速度和效率。人類的腦神經細胞大約從出生十八個月開始，直到四歲左右的這段時間內，會快速地進行外膜成形的工作。

連結小腦和大腦皮質部的神經細胞，專門負責管理人類的小肌肉活動技巧（fine motor skills），舉凡寫字畫圖、使用剪刀和拿筷子等，都在其掌控範圍內。這一組的神經細胞在大約四歲左右的時候，會完成一切外膜成形的步驟，使得幼兒的小肌肉活動能力在此時突飛猛進。

家長們可在此時把握時機，配合腦神經細胞發展的腳步，同時爲寶寶提供大量練習小肌肉技巧的機會，以爲孩子日後求學過程中所必須具備的雙手靈巧能力，打下卓越的基礎。

讀到此，我們可以暫時打住對於腦部組織解剖及生理方面更深入的研究，開始思考一下，家長們該如何消化以上這些重要的基本知識，加以整合並組織，而將之賦予可以應用於生活中的實質意義？

塗鴨而非繪畫

首先，根據上文所述腦神經細胞形成的時間表，從寶寶三歲半到四歲前的這段時間開始，父母可以提供寶寶大量的塗鴨機會。沒錯，塗鴨是訓練幼兒小肌肉活動能力的絕佳活動。

爲您的寶寶安排隨手可及的各式畫筆和大量的畫紙，不論是鉛筆、蠟筆、水彩筆還是粉筆，都請家長們要大力鼓勵寶寶多多的畫，開心隨意地畫。請您在目前先別計較寶寶是否畫得高明，更要對他的塗鴨所製造出的髒亂多多忍耐。

總之，請家長們努力幫助寶寶在塗鴨的過程中，感受到由衷的喜愛和興趣。如此，孩子才會主動地畫，不停地畫，並且開開心心地畫！

不是不專心，是時候未到

專門負責知覺、意識（consciousness）和注意力（attention）的腦神經細胞，會持續漸進地形成外膜，整個過程將延伸到青春期才會大功告成，完全結束。因此，家長們也必須隨之做好萬全的心理準備，許多牽涉到高度注意力，必須完全集中精神的學習，例如，聽寫、心算和樂器的使用，都請等到寶寶再長大一些的時候再開始。

服從總指揮

根據醫學上對於腦細胞成熟與生長順序的瞭解，《教子有方》一貫的立場是不主張、亦不鼓勵家長趕鴨子式地催促孩子的成長。在我們的看法中，家長們試著想去培養一位「小神童」、「小天才」的心理，其實是一種常見的謬思。

對於一個幼小的生命而言，最好的成長方式，是由大腦組織的發育進度來帶領學習的腳步。也就是說，我們樂於見到一個孩子的每一樣學習，都是在他身體和心靈完全準備好的狀況下，輕鬆愉快地進行，而不是在孩子尚未裝備妥當之前，便讓他辛苦吃力地背著重擔辛苦追趕。

學術上的研究也一再地證實，孩子的學習愈是與腦部組織的發展同步進行，學習的速度就愈快，效率也愈高，而整體的學習經驗也愈爲容易且不吃力。

近朱者赤，近墨者黑

和其他種類的動物相比較，人類的腦部組織在剛出生的時候是明顯的較不成熟，也較爲粗略原始。此外，在出生之後，人類腦部組織的成長與發育速度，也要比其他的動物更加緩慢，所需完成的時間也更加地長久。

換言之，生命早期外在的環境對於人類腦部組織的成形與蛻變，會產生極大的影響力，而這些影響不管是正面的或是負面的，都會深深地刻劃孩子未來一生的經歷，並且左右他的生命方向。

一個幼小生命正在發育中的腦部組織，和當時外在的環境與生活經驗之間，存在著一種從不間斷的強烈互動。腦神經細胞的發展與變化，主宰著孩子「治理」外在環境的方式。同樣的，外在環境對於寶寶優良且正面的刺激，以及因而所產生的良好經驗，也會引發腦細胞更加快速且蓬勃的生長與進化，孩子的腦部功能會因此而變得好上加好，連帶地推動其認知能力、社交發展等心智各方面多元化的「大躍進」。

《教子有方》的讀者們對於這一層道理想必並不陌生，正如古人所言：「近朱者赤，近墨者黑」，我們也相信外在環境及包含於其中的一切學習經驗，尤其是在生命早期所發生的經驗，對於陶成一份嶄新的人格與心靈，其所扮演的角色是多麼的重要和舉足輕重。想來古時孟母三遷的故事，流傳給後世父母們的省思，也正與這層道理不謀而合。

教子良方

親愛的家長們，當您一口氣將本文讀到此時，是否會疑惑地反問：「那麼，要想成為一位好的家長，就必須對於腦神經科學擁有專家級的知識嗎？」

請放心，要想成為一位好爸爸或是好媽媽，您絕對不需要知道寶寶在每一次呼吸的時候，都會複雜地牽動九十幾條大小的肌肉。

然而，我們希望家長們能夠藉著《教子有方》，對於兒童發展心理學的理論基礎及科學根據，擁有重點式、但是概括整體的瞭解。

在三歲半寶寶的小小腦袋瓜子中，已經發生過的和未來將發生的一切變化，絕對是他的成長里程中最重要、也是最令人目不暇給的精采部分。《教子有方》將繼續為您忠實地報導寶寶總指揮（腦部組織）的最新動態。

對於寶寶，您有悔不當初的歉意嗎？

這是大部分的父母們都曾經有過的夢魘。因為一個不正確的決定，使得寶寶吃了許多苦頭；因為生活的忙碌，忘了為寶寶過生日；心中所累積的怒氣，一古腦兒完全都發洩在寶寶身上；一時的疏忽和大意，造成寶寶身心的創痛；不協調的家庭關係，令寶寶經常左右為難；那一件沒有爲寶寶買下的玩具；那一次冤枉錯罵了寶寶，或是錯打了他；那一回寶寶出疹子吹了風，而引發氣喘；忘了說出口的道歉；忘了睡前的晚安和擁抱……。

如果您問一問周圍凡是曾經爲人父母的人，相信必然很快就可以蒐集到難以數計的「眞後悔……」，對於這樣一種無法重來又難以彌補的心情，許多家長們會將之擺在心中，時時思索一番，自責一番，讓悔恨和痛苦經常啃蝕自己的良心，任由錯誤的陰霾覆蓋在心田，作爲一種自我的懲罰和折磨！

親愛的家長們，您也有一些「眞後悔」嗎？您的處理方式又是如何呢？

對於這個幾乎是人人難逃的「通病」，我們雖然無法一一回答每一個問題，分析每一種處境，但是我們可以藉著以下三個普遍皆有的「常態」問題，幫助家長們面對自己的錯誤。

爲人父母，您是否時常擔心自己「萬一不小心」而出差錯？

如果我們猜得沒錯的話，您的答案一定是：「當然會！」甚至還有可能是：「對，我一天到晚都緊張得不得了，深怕自己一個不留心，讓寶寶發生了什麼閃失！」

親愛的家長們，現在，請您深深地吸一口氣，放鬆緊繃的雙肩，對自己連說三聲：「人非聖賢，孰能無過？」

要知道，父母也是人，每一個人都會出差錯，做錯事，即使是世界上對於兒童發展心理學最有研究的學者，在扮演父母的角色時，也必定會出錯。而且，絕對還不止一個錯哪！

因此，您務必要放下心中的這塊大石頭，千萬不要期望自己達到「非人」的標準，而在您眞的不小心出了差錯時，也請千萬不要自責太深。快快地對寶寶道個歉，對自己也道個歉，想辦法去補救一切的疏失。人生，不就是如此嗎？

您是否一想到自己的錯誤，就會坐立難安、焦慮煩躁？

舉個例子來說，您會因為忙著和友人聊天，一個不注意，讓寶寶從翹翹板上摔下來，擔心他的智力因此受損，影響了未來一生的成就嗎？還好，身爲人類，很幸運的一點是，幼兒的生命是非常強韌有彈性的，只要父母的出發點是爲了孩子好，本意是友善且合理的，您所犯的錯誤，包括受不了的時候把寶寶關進廁所裡去，大概不會太嚴重地傷害到孩子的身心。

因此，我們建議家長們將本題修改爲：「在我做錯事情的當時，我是爲了寶寶好，想要幫助他？還是爲了自己的利益和方便？」只要父母們繼續爲孩子的好而付出心血，那麼這份強烈的愛，即使是帶有偶爾不小心的錯誤，仍然會超越一切，爲您和寶寶贏得全勝。

也就是說，只要父母們能做到事事爲孩子好，而不是事事藉著孩子爲自己好，那麼他們對寶寶的愛，即可算得上是一百分的愛。

爲了成功地教養寶寶，您是否已經好久沒有放下重擔，輕鬆一下了呢？

王太太的獨子今年三歲，她爲了能夠全心教育這個孩子，辭去多年的工作，全職陪伴孩子成長。她認眞地讀遍每一本幼教的書籍，把握每一個時機教育兒子，啓發兒子，並且訓練兒子。她邊拍著兒子的背哄他睡覺，邊洗腦式地數數兒給兒子聽；出門散步時教實物辨認；在家玩耍時教玩具；乘車時背三字經；洗澡的時候教唱ABC；在全家出國旅遊時，也不忘帶著字卡一路教寶寶認方塊字……。

親愛的家長們，您以爲王太太過於緊張嗎？您同意如此的「拚命工作」，會讓她無法體驗到爲人父母的快樂嗎？您是否會建議王太太放輕鬆一點，不要太緊張，如此才能對孩子更好，也才能對她自己更好呢？

那麼，較之於王太太，請問您是「過之」，還是「不及」呢？

請您一定要不斷地提醒自己，無論如何，在孩子最最需要的成長與發展的空間中，一定不可缺少輕鬆和愉快的生活方式與氣氛。只要能夠根據這個大前題時時自我修正，您就一定不會變成第二個王太太。

總結本文，對於時時擔心自己會一不小心就讓寶寶受到傷害的父母們，請別忘了：

1. 要接受人人都會有疏忽的事實，您也不例外。

2. 將您在出錯之後深痛的悔恨與自責，轉化成爲對於寶寶積極有益的行動，以表達您對他的眞愛。

3. 爲了您自己，也爲了寶寶，放輕鬆一點，讓家中的感覺是舒服的、安心的，讓寶寶可以在其中自由自在地發展自我。

提醒您！

- **高明地應付寶寶的「心情急轉彎」。**
- **別忘了開始和寶寶玩玩「猜猜我看見了什麼」。**
- **要服從寶寶的總指揮喔！**

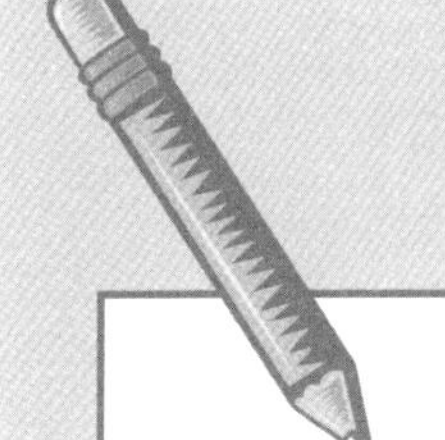

迴　響

親愛的《教子有方》：

先自我介紹，我是一位母親，也是從事嬰幼兒特殊教育的老師，我在這個領域中接受過扎實的學科訓練，並且固定閱讀科學期刊中最新的研究報告。

然而，我從每個月的《教子有方》中，必能學到一些新的知識，也得以再一次地溫習一些已知的重點。

真是謝謝您們出類拔萃的表現！

李佳儀

美國加州

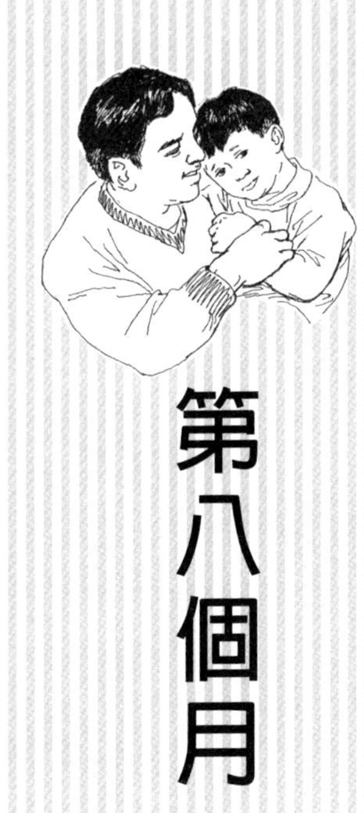

第八個月

教子良方

對於許多家長們所經常問到：「什麼時候才能開始『管教』孩子？」和「該如何『管教』才能不慍不火，又可收立竿見影之效呢？」這兩個重要的問題，您可能會從不同的來源，接受到各式各樣不同的答案。而這些答案的內容從「一出生就該管教」到「出了問題再說」，從「愛心規勸」到「重重責打」，可以說是無奇不有、包羅萬象。

雖然讀者們也可能早就已經有了屬於自己的答案，但是《教子有方》仍願以兒童心理發展專家的立場，來探討這個為人父母所必須面對的重要課題。

金科玉律

有效的管教需要兩項由孩子所主宰的先決條件：

1. 孩子必須知道您在做什麼？

2. 也必須懂得您為什麼會如此做？

一般的孩子在差不多十八個月大左右的時候，即可做到以上兩點，但也有一些幼兒會拖到快滿兩歲時，才可以開始正式的「受教」。

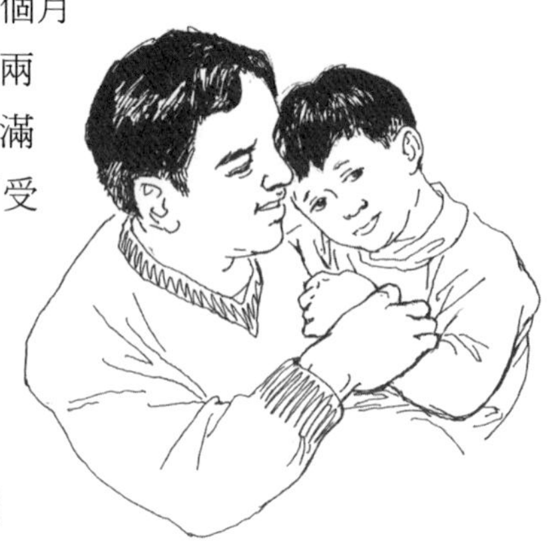

以下我們將為家長們介紹兩種管教子女的方式：第一種管教的目的，是幫助孩子遠離麻煩與禍端；第二種

則是教導他如何成功地生活。我們認為這兩種管教對於成長中的孩子是相輔相成，缺一不可的，因此，我們也鼓勵家長們積極使用這兩種方式來參與孩子的蛻變。

管教學之一：改變不良行為

要改變孩子的不良行為，家長們在「發動攻勢」之前，首先要確認該行為的不良性。例如，在巷子口玩球，這件事的後果有可能是車禍的發生，甚至於性命的損失。因此，這種行為是貨眞價實的不良，是確確實實必須阻止，不可發生的。

反之，「進入爸爸的書房」這件事的不良性就頗有商榷的必要。請您想一想，寶寶的不良行為是「進入爸爸的書房」？還是「弄亂了爸爸的電腦檔案」？

在您確認了寶寶的不良行為之後，讓我們一起來想想看，您該如何去「討伐」這項行為呢？（請注意此處，務必記得您要討伐的是「不良的行為」，而不是「寶寶」。）

方法有許多，並且因人而異。《教子有方》建議您根據孩子的個性，「因材施教」來決定「火炮」口徑的大小。

例如，有些孩子比較敏感，比較害羞，家長只要收起笑容，嚴肅地對他說：「不可以！」即可產生阻嚇的作用。反之，有些「神經比較粗條」的孩子，則需要父母擺出一副「晚娘臉孔」，提高嗓門，他們才會警覺到「大事不妙」了。還有一些「收放比較不自如」的孩子，家長就必須祭出罰站、罰坐、罰在房間一分鐘的方法，幫助他們「見風要轉舵」。當然囉，也有一些孩子會需要先「繳械」，才能再展開「心戰」。

不論您決定要採行的「管教」方式為何，我們想提醒您，別忘了要「依罪量刑」。也就是說，別為了一丁點兒的小毛病（例如和小朋友搶東西，或是不肯乖乖去睡覺），就使出最嚴厲的管教方式。別忘了，再厲害的殺手鐧用多了也會失去效力，最好是保留到眞正有需要的時候再「亮相」吧！

管教學之二：修身養性

這一種管教所要達到的目標比較高，執行起來也比較困難，基本上，此種的管教是爲了達成某一個特定的目的，而訓練孩子改變目前的行爲。

你的目的可能有許多，例如某些特殊的技能（音樂、運動和藝術等）和特別的禮節（他人說話時不插嘴）。但是對於成長中的寶寶來說，要達到這些目標的任何一樣，都需要您不斷的督導、修正和管教。

有很多天資十分優異、秉賦十分聰明的孩子，正是因爲缺少了後天修身養性的管教，因而始終達不到心中所渴望的目標。相反的，我們經常會看到一個資質較爲平庸的孩子，因著長期修身養性式的管教（尤其是來自於自我的管教），日後終能突破先天的限制，達到登峰造極的地步。

因此，雖然父母們一開始的時候會是孩子修身養性的管教執行者，但是等到孩子慢慢成長，尤其是進入青少年階段之後，孩子本身即要學會自我執行所需的管教。

根據研究顯示，在中學裡成績好，表現出色，又可抵制毒品、性行爲、逃學等惡行的青少年，都是修身養性自我管教的箇中好手。

那麼，家長們該如何落實此種修身養性式的管教呢？

1. 即早開始。

2. 鼓勵孩子堅持到底不放棄，跌倒了，爬起來，再接再厲。

3. 教導孩子勤勞努力。反覆的練習雖然使人流汗、流淚、甚至於流血，但是所換回的結果，絕對不會令人失望。

4. 剛開始的時候，別忘了要以實質的獎賞褒揚孩子，一個親吻、美言稱讚、一份禮物，都會令孩子雀躍不已。但是久而久之，「成功」本身所帶來的喜悅和成就感，即足以使得寶寶心滿意足了。

至此，親愛的家長們，您對於本文所述的兩種「管教學」，是否已能完全瞭解，並且運用自如？鼓勵您努力爲之，您和您的寶寶都將是幸運的受惠者！

寶貝小乳牙

在許多父母的想法中，學齡前幼兒的牙齒不需爲之太過操心，因爲是「乳齒」，即使是「蛀乳齒」，等過了幾年全部脫落換成恆齒之後，再開始仔細地清潔保健即可。

然而，乳齒蛀牙代表著寶寶的牙齒有容易蛀蝕的傾向，是家長們不可輕忽的警告！不論您三歲八個月的寶寶目前有沒有蛀牙，請利用以下附列的「寶貝小乳牙」五部曲，幫助您的寶寶抵制蛀牙，爲日後一生的牙齒健康打下良好的基礎：

1. 由許多的臨床資料顯示，飲水中加氟可以有效地增加牙齒的強度，減少蛀牙發生的機會。家長們可至當地水利公司或小兒科醫師處，取得有關飲水中含氟量的資料，如果含量不足，小兒科醫師可以處方氟劑爲幼兒適量補充。

2. 經常刷牙，養成飯後、睡前均仔細刷牙的好習慣。

3. 足夠的營養，以及健康均衡的飲食。

4. 儘量減少含糖食品，尤其是容易黏牙的食物和含糖的飲料。

5. 定期至牙科醫師處檢查。

動腦不動手

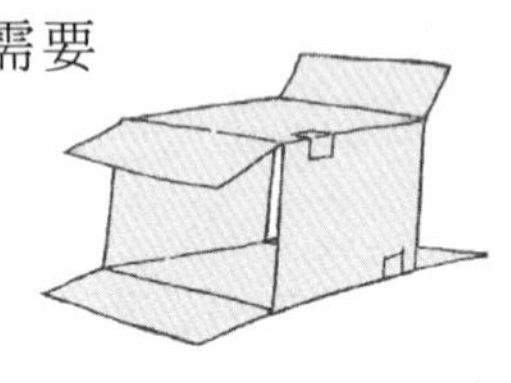

三歲八個月的寶寶應該已經可以不需要動手，也不必透過嘗試錯誤（trial-and-error），僅僅憑著大腦的思考，即可解決一些牽涉到知覺與理解方面的問題（perceptual problems）。

這一種利用動腦筋來解決問題的方式，即是一般所謂的「在心中盤算」或是「用力想一想」的思考模式。我們每個人或多或少都有這項本領，有些人的頭腦細膩靈活，推理演算的速度快得令周圍的人望塵莫及，也有一些人的腦子被以「一團漿糊」來形容，經常是模糊紊亂、毫無章法可言，完全不按牌理出牌。

以下我們爲家長們介紹兩種推理遊戲，您可以藉此培養寶寶「動動腦」的習慣，並且訓練寶寶的邏輯推理能力，幫助寶寶從「做事情不經大腦」的成長階段，進展爲頭腦十分發達，懂得以智謀取勝的高級境界。

方格遊戲

目的：增進孩子的「視覺注意力」（visual attention）和「空間認知」（spatial perception）能力。

教材：首先，請您準備一張大小足夠的長方形硬紙板，工整地畫出三行橫格和數行直格（如下頁圖所示）。

接下來，請您蒐集幾組不同顏色的物體，每一種物體都要三件。例如，三把綠色的塑膠梳子、三輛紅色的小汽車、三片黃色的餅乾和三片藍色的三角尺。

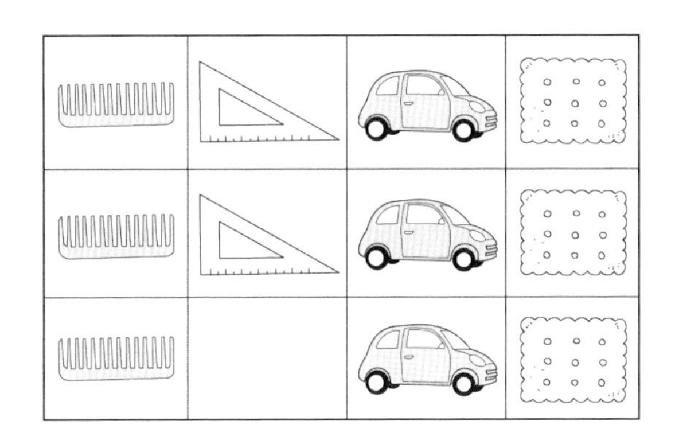

基本玩法：按照上圖所示，將每一種顏色的三樣物體分別排好，然後故意扣除其中一片三角尺，保留在手中。

先讓寶寶坐在方格紙板前，仔細地看一看您爲他所準備的「腦力大餐」，然後請您亮出手中的藍色三角尺，問寶寶：「你看這個三角尺要放在哪一個方格中呢？」

接下來，耐住性子，給予寶寶充分的時間，讓他慢慢地看，仔細地想，不要給他提示，也不要急著打斷他的思路。此時，方格板上只有一個空隔，寶寶多半可以成功地指出三角尺所應排放的正確位置。

下一回合，您可以重新排列組合方格板中的物體，靈活運用這個基本玩法，使寶寶不致生厭地願意繼續接受挑戰。

變化玩法：當寶寶已將基本玩法玩得不再出錯之後，家長們即可開始採用以下所列的幾種變化玩法：

1. 逐漸增加方格板上空格的數目。

2. 將謎底混在一堆其他的常見物體中（例如將三角尺、直尺和鉛筆等文具放在一起），讓寶寶自己撿出所缺少的物體，放回方格板上正確的位置。

3. 比較困難一些的玩法，是利用不同色系的幾何圖形，例如，黃色的圓形、紅色的方形和綠色的三角形，由淺入深地來玩這個遊戲。您可以利用家中現成已有的顏色圖形，或是花十分鐘的時間自己動手做一組。

當然囉，如果您願意，還可以不時地更換幾何圖形的顏色，例如將方形改爲黑色，三角形改爲白色，圓形改爲紫色，這項遊戲即會變得更加的有趣喔！

線軸過山洞

目的：增加寶寶的觀察能力和短期記憶（short-term memory）。

教材：三個不同顏色的空線軸、一條長長的鞋帶和一個捲筒衛生紙中軸。

基本玩法：將鞋帶穿入線軸中空處，繞一圈再穿一次，如此將線軸固定在鞋帶上。用同樣的方法將其他的兩個線軸也穿在鞋帶上，每一個線軸之間的距離大約是四公分。最後，將捲筒衛生紙的中軸也穿在鞋帶的一端，注意不可蓋住線軸（見以下圖示）。

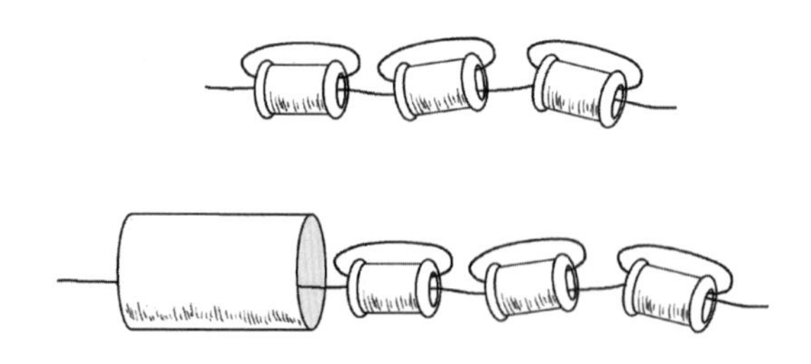

等到一切都準備妥當之後，和寶寶一起坐在桌前，對寶寶說：「你看好喔！現在我要把這三個線軸拉進山洞裡去了喲！」慢慢地拉動鞋帶，直到三個線軸全部看不見了爲止，再說：「猜猜看，如果媽媽再拉，山洞另外一邊會出來什麼顏色的線軸啊？」等寶寶回答之後，讓他自己把線軸拉出來看看答對了沒有。

接下來，將整個遊戲反轉一百八十度，也就是從鞋帶的另外一端把線軸再拉回山洞中，然後問寶寶：「現在如果我們朝反方向拉，寶寶猜猜看，會是哪一個顏色先出來呢？」同樣的，等寶寶說了一個答案之後，再讓他拉出線軸將謎底揭曉。

變化玩法：

1. 除了請寶寶猜第一個出洞線軸的顏色之外，要求他試試將其他兩個線軸的顏色也依序說出來。

2. 增加線軸的數目，以及顏色的變化。

備註：這個線軸過山洞的遊戲，可以讓寶寶在眼睛看不到、雙手也摸不著的處境中，不得不用「腦筋」努力地想。這種短期記憶的訓練，將會爲未來的智能發展架設寬廣的成長空間。

然而，我們也必須提醒家長們，千萬不可在和寶寶「玩」這個遊戲的時候，忍不住施加壓力，想要加快寶寶的學習速度。要知道，這種腦力訓練需要一些時間和練習。當寶寶出錯的時候，請讓他自己發現自己的錯誤。而當寶寶表現得不耐煩，不想學和「冥頑不靈」，令您產生「孺子不可教矣」的反感時，請您務必要「提早下課」，讓寶寶稍微休息一下，等他整理身心，也許十分鐘之後，也許是一個星期之後，再來繼續這個好玩的遊戲吧！

中毒事件不可不防

學齡前的幼兒活潑好動、好奇並且好問，這些是他們的特色，也是他們的優點。但是，三、四歲大的孩子終究沒有足夠的人生經驗與生活的智慧，因此他們的優點，也往往會爲其帶來一些不幸的意外事件，誤食毒物即是其中之一。

以下我們列出幾項家長們「不費吹灰之力」即可做到的防禦措失，幫助您抱著「不怕一萬，就怕萬一」和「預防重於治療」的心態，來爲寶寶的生活環境徹底消毒：

1. 家中一切化學藥物，包括汽車用料及園藝材料，全部要收藏在寶寶「完全」碰不到的地方。

2. 個人衛生、化妝、美容與保養用品，如香水、指甲油、刮鬍水、洗髮精等，也要全部收在寶寶「完全」碰不到的地方。

3. 所有藥物，包括內服、外擦、多種維他命、各式健康食品、補品等瓶瓶罐罐，都應配置兒童無法扭開的安全瓶蓋，並且與寶寶完全隔絕。

4. 屋內、室外每一個內含人工藥物化學劑的容器，都應保有原始標籤或以萬年簽字筆清楚顯示內容成分。如此做法，可以避免不知情的大人誤用使寶寶中毒，也可在「萬一」發生誤食事件時，幫助醫護人員迅速鑑定「罪魁禍首」，把握時機，施以最正確的急救措施。

5. 一切室內盆栽植物都必須是無毒的。此外，切勿讓寶寶效法「神農氏」，養成親嚐百草的「壞」習慣，尤其是那些從未見過、從未吃過的野生植物（如野生菇），絕對不可能隨意品嚐。

健康的兩性觀念來自健康的家庭

對於生命奧祕的好奇與興趣，是大多數三歲八個月的幼兒，近來剛剛完成的重要成長里程碑。從現在開始，寶寶會彷彿大開眼界一般，不停地學，也不停地問！

寶寶會在任何時間、任何地點，對您提出任何他所想得到的問題，包括了「兩性」的問題。

親愛的家長們，當您在面對這些令人發窘、不知該如何啓口作答的問題時，所需要掌握的大原則是，您絕對不可以說謊騙小孩！您可以簡單扼要，甚至避重就輕地回答，但是您的答案一定要「是眞的」，千萬不可「黑白說」（胡亂說）。

請記往，健康的兩性觀念來自健康的家庭。

三、四歲的幼兒不會打破沙鍋問到底地想知道整部「性學大全」或「生命源起於卵子和精子融合的一剎那」的道理。請放心，他們還太小，學習的時間還未到。但是，幼兒們卻必須忠實地爲自己心中的問題，尋求合理且滿意的答案。

當三歲八個月的寶寶十分認眞地問：「小貝比是從哪兒來的呢？」

與其騙他是送子鳥啣來的，或是送子娘娘派人抱來的，還不如直截了當、明白簡要地回答：「喔！小貝比是從媽媽肚子裡一個很特別的地方，慢慢長出來的。」

當然囉，寶寶很可能會因爲這個答案而想出更多的問題：

「那麼小貝比是怎麼進到媽媽肚子裡的呢？」

「小貝比又是怎麼從媽媽肚子裡出來呢？」

幼兒對於小貝比最、最、最開始是從何而來這件事，似乎是具有某種「本能」的好奇和關心，您只要不斷地重複一個簡單的答案，例如「有一個小小的種子，一直都在媽媽的身體裡」，寶寶多半會滿意地接受這個答案。

至於說「小貝比是如何從媽媽肚子裡出來的？」這個問題，一個平平實實的答案：「小貝比長到夠大的時候，媽媽的身體自然就會爲他開一道特別的門，讓貝比可以出來。」就是最好的答案。

請注意，爸爸在整件事情上所扮演的角色，您可以隻字不提，完全省略。

我們的目的，是滿足幼兒對於生命起源的好奇，但是同時也謹慎小心地做到不以過多寶寶無法接受、無法消化的知識，來增加他的煩惱。

親愛的家長們，讀到此，相信您已隨時都能坦然、篤定地接受來自於寶寶有關於兩性之間的各種問題，並且爲他提供最正確、最健康的標準答案。加油！

萬物之靈總指揮——三之三

延續上兩個月所討論有關於寶寶腦部發展的重要課題，本月我們將深入探討腦部橫向整合（brain lateralization）的過程。這是人類中樞神經系統（central nervous system）發展過程中最爲錯綜複雜、引人入勝的一個特色，也是人類之所以成爲萬物之靈的重要原因。

腦部橫向整合

大腦（cerebrum）是人類腦部組織的最高統帥，由一左一右兩個腦半球（brain hemispheres）——左腦和右腦所組成。連結左右腦的腦神經細胞，醫學上稱作「胼胝體」（corpus callosum），在解剖學上是比較堅硬厚實的組織。

胼胝體的外膜成形（myelinization）（詳見第七個月「萬物之靈總指揮——三之二」一文），在幼兒差不多四歲的時候會發展得稍具規模，然後會持續但漸緩地一直發展到進入青春期之後，才算是眞正的大功告成。

胼胝體的外膜成形會大大增加左、右腦資訊傳送的速度，因此在寶寶差不多四歲的時候，他的視覺與大小肌肉之間的協調能力，會在突然之間開始有進步了。

這項進步雖然明顯，但是會緩慢逐漸地進展，因此，家長們在目前這一段時期必須要小心，不可太過逼迫寶寶參與他在生理發展上還沒有準備好的活動。

例如，六歲以下的兒童並不是個個都已擁有閱讀時所必須有的持續性的專心（sustained focus）和有系統的專心（systemic focus）。

又例如，四歲大的幼兒可能會從一個方塊字的某一個特別的部分（如三點水、草字頭或提手旁），來猜出這個字是什麼，但是他尚且無法根據整個字的字形（河、花、扣），而一眼就認出這個字。

左腦、右腦不分軒輊

不知道爲什麼，許多人都以爲每個人用腦的方式如同用手的方式，可分爲「右腦」人和「左腦」人。事實並不是如此！

每個「正常」的人都必須擁有均衡發展的左右二腦，彼此互相配合、互相幫襯，才能執行各種「正常」的功能。

妙的是，左右腦所各自分配到的管轄屬地，卻是對於兩者都十分遙遠的「另外一邊」。

也就是說，左腦所接受到的感官知覺，全部來自於身體的右半邊，而左腦所發出的控制指令，也是全部傳送到身體的右半邊。同樣的，右腦接受左半邊身體的知覺訊息，亦控制著身體的左半邊運行動作。

大腦左半球

對於大多數人而言，左腦的責任歸屬包括了語言（例如，說話）、次序性的資料（例如，記住一串電話號碼的能力），以及邏輯分析（例如，辯論）。

一般說來，經常研究科學和推演數學的人，他們使用左腦的次數比較多，時間也比較長。

大腦右半球

相對的，右腦所管轄處理的項目，包括了空間性的資訊（例如，估算一輛汽車的大小和形狀）、同步存在的資訊（例如，分門別類的能力）、透過對於事物的感情和其意義來分析闡述外在的環境（例如，一見鍾情式的愛情），以及音樂、視覺和藝術方面的造詣。

不難想像，作家、藝術家、音樂家的右腦必然是十分忙碌、十分活躍的。

檢定腦部橫向整合

如何知道寶寶腦部的橫向整合已經展開了呢？

一般說來，腦部橫向整合的進展並不會在幼兒身上自動顯示出來，原因在於大部分學齡前的幼兒所進行的活動，都是身體兩側左右開攻、同時出擊，因此，左右大腦半球通常都是同時在工作。此外，三、四歲的孩子所參與的活動，也較少光只是強調身體某一部分的參與（例如，拉小提琴、寫字、刷油漆等）。

雖然如此，我們還是可以經由一些簡單的方法來測出寶寶的「功力」。

用手摸摸看

最簡單的辦法，就是在一個不透明的紙袋中放入一個正方形的積木，讓寶寶在看不見紙袋中有什麼東西的情形下，請他伸手入袋中摸摸看。

如果寶寶伸出右手（為左腦所控制）入袋中，他應該可以邊摸邊數數看積木有幾個角（次序性的資料處理，此為左腦的責任）。

反之，如果寶寶伸出的是左手（由右腦所控制），那麼他會很快地說出：「喔，原來是一個方形的積木！」（記得嗎？空間性的資訊是右腦來處理的。）

如此，家長們可以很清楚地看出大腦橫向發展對於寶寶所產生的影響了。

一隻耳朵聽聽看

利用單耳的耳機，分別自左耳和右耳傳輸同樣的音訊給寶寶聽，他的反應也會大不相同。

假設寶寶從右耳的耳機中聽到的是「一隻青蛙一張嘴，兩隻眼睛四條腿」這首兒歌，那麼他的左腦會很快地將這幾個所聽到的數字和數字的源由整理得清清楚楚，條理分明地告訴您他所聽到有關於青蛙身上的各種數字。

反之，在寶寶由左耳的耳機中聽完同一首歌之後，他的第一個回應可能是：「唔，青蛙的叫聲（來自背景配樂）是鼓－鼓－鼓－……」

左手刷牙、左腳踢球

一個孩子的「順手」習慣，也就是一般所謂的「右撇子」和「左撇子」，也是腦部橫向整合的證明之一。當然囉，這一跡象在孩子身上是十分顯而易見的。

此外，因爲左手的最高統帥是右腦，而右腦除了左手以外，也一併管理左腿、左眼和左耳，因此，我們經常會發現一個喜歡用左手刷牙的孩子，他也會不自覺地用左腳踢球，用左眼窺視門上的鑰匙孔，並且用左耳聽電話。

在未來的幾年中，寶寶的左、右偏好仍然會不時地改變，有的時候是反覆無常、忽左忽右，有的時候也可能是靈機一動、義無反顧地說變就變。更有意思的是，有些孩子不是完全的偏左，也不是完全偏右，而是「騎牆式」地，有時右撇（如寫字、吃飯），有時左撇（如使用剪刀、拍皮球）。

在寶寶開始上幼稚園之前，我們建議家長們給予寶寶百分之百自由使用左、右手的決定權。同樣的，寶寶對於左右雙目、雙耳和雙腿的各別喜好，也必須能擁有父母誠心的尊重和支持。

如此，腦部橫向整合才得以自由且充分地發展，不會被打壓，更不會被遏阻。

生機蓬勃的小腦袋

在許多腦部受傷的個案中，我們也可感受到腦部橫向整合的影響力。假設患者是左腦受傷，那麼其語言能力和右側身體的各種功能也必然受到損傷。

值得一提的是，假如腦部的受傷是發生在一個非常幼小的兒童身上，那麼仍在成長、分化及整合中的中樞神經系統（包括大腦、小腦和神經細胞），會自動地以神奇巧妙的安排，或是去瘀生新，或是截長補短，或是重新布置分配，快速的修補與重新生長，將不良的後果降到最低，甚至達到完好如新的程度。

因此，早期的腦部傷害，不論是外傷、病變、饑荒或是不理想的生長環境，都會激起腦部組織超級的伸縮性及重整性，使得復原的機會大爲提高。

相反的，如果腦部傷害是發生在青春期之後，那麼許多喪失了的功能，就比較可能永遠都無法復原了。

舉世無雙

經由這許多有關於腦部組織成長發展的討論，我們希望家長們所得到的結論是：

每一個孩子的學習風格都是獨一無二、舉世無雙的！

爲什麼呢？因爲每一個幼兒腦部橫向整合的速度皆不相同，每一個大腦的組織內容也是百分之一百僅此一家，絕無僅有。

《教子有方》相信當家長們有了這一層重要的認知之後，必能自然而然地以一種尊重與珍愛的情懷，來培養與寶寶之間的一切關係。因爲家長們已經再一次地認清，他們的寶寶的確是獨一無二，舉世無雙！

「媽媽，你看我漂不漂？」

這是一個全家人熱熱鬧鬧、開開心心但也亂烘烘的時刻，每個人都各自忙著穿著打扮，準備去參加一個生日派對，在爸爸淋浴嘩啦嘩啦的水聲，和媽媽吹風機隆隆的風聲中，寶寶尖聲喊了好幾次，大家才聽到了他興奮熱烈的聲音：「你們看我漂不漂？」

爸爸和媽媽同時停下手中的動作，先是回頭一望，然後兩個人立即互相對望一眼，心中都有忍俊不住想捧腹大笑的衝動，也有「天啊，寶寶你怎麼……？」的不解，更有望著寶寶閃著希望光芒的小臉，而不知如何是好的遲疑……。

因爲此刻，寶寶全身「披掛」了他爲自己所張羅來的最漂亮衣服：一件鮮黃色的襯衫，上面歪歪斜斜地別著一個大型「可口可樂」商標的別針，脖子上掛著兩條端午節時阿姨送的香包綴子，一條媽媽爲他新買、上面有米老鼠圖樣的紫色運動褲，一雙淺藍色的襪子，頭上一頂去年聖誕節時學校做的大紅色聖誕老人帽，腰上繫著一條包裝禮物的舊絲帶（大概算是皮帶吧）！寶寶得意地等著爸爸、媽媽的稱讚，同時還從褲子口袋裡抽出一個大象形狀的小皮夾……。從寶寶欣喜的眼光中，他正告訴爸爸、媽媽：「你們看，我也和你們一樣，穿得很漂亮！」

爸爸、媽媽此時心中一定想著：「這個孩子的『品味』怎麼如此的糟糕啊！」別急，您所見到的純粹只是幼小的兒童爲了滿足心中「愛漂亮」的渴望，所表現出來的一種稚氣罷了。

人要衣裝，佛要金裝

想想看，大人不也是喜歡利用一些「裝扮」，來使得自己更漂亮嗎？女士們的化妝品、耳環、項鍊、戒子、手環，甚至於腳環、足戒，更別提時裝皮包和皮鞋的搭配，簡直就是美不勝收，炫極了！男士們的領帶、手錶、皮夾、公事包，及各種穿著配備，甚至於所使用的交通工具，不也是讓自己更帥的一種表現嗎？

差別在於大部分的大人都可以將這一切搭配得有模有樣，使自己看來光鮮動人、神采飛揚，然而三、四歲的幼兒卻尚且沒有這種屬於大人的「審美觀」。

護衣戰爭從此展開？

您知道父母與子女之間的爭端，有許多是因爲穿衣的「哲學」不同而產生的嗎？這種爭執可能從寶寶三、四歲的時候就開始，在某些家庭中，可能有一方（多半是父母那一方）會提早豎起白旗宣告投降，但是在有些家庭中，卻也可能是一場一生一世的爭戰！

也許如果父母們能抱持著幽默的情懷，來看待這個說大不算太大、說小也不算小的「代溝」，這場戰爭就不會變得如此嚴重了。

寶寶打扮心理學

從心理學的角度來分析，寶寶所選擇穿在自己身上的衣服，大多數的時候並不是眞正爲了外表的好看，而是爲了他自己心中的喜好與感受。

試試看，問問寶寶爲什麼原因喜歡那件紅色有帽子的背心，您可能會很驚訝地發現，寶寶的回答通常不是因爲他喜歡這一整件衣服，更不是因爲他穿上之後會變得很漂亮，寶寶很可能會告訴您：「我喜歡紅背心上的汽球」，或是「我喜歡戴帽子！」

也就是說，寶寶會因爲一件衣服的某一個部分，也許是拉鍊上火車頭的圖形，也許是一個別緻的口袋，一個特別的釦子，或是看來很像某一個他所心儀的人所常穿的一件衣服，或者純粹只是因爲毛絨絨的感覺很舒服……，而將這件衣服穿在身上。

當您一旦掌握住寶寶對於衣著喜好的「特別」想法之後，即可展開一連串的外交攻勢，藉著主動示好、遊說、溝通、妥協和堅持到底等「政治手腕」，達到寶寶開心穿衣、家人皆大歡喜的和諧境界。

舉例來說，如果寶寶挑選了一件十分怪異的衣服，而他的理由是因爲喜歡上面的粉紅色亮片，家長即可試著說服寶寶穿上另外一件由您爲他所挑選，在您眼中比較合適的衣服，但是寶寶可以別上一個大大的亮片胸針，如此一來，豈不是家長既可「不丟人現眼」，寶寶又可以開心地穿上他喜歡的衣服，兩全其美，喜劇收場？

親愛的家長們，利用本文所提供的建議，您現在懂得如何正確地爲寶寶「裝修門面」了嗎？

爲人父母應該可以更加的有趣

您曾經抱怨過生兒育女的辛苦嗎？您是否覺得對於子女的責任，實在是一種沉重的負擔？您是否也經常嘆惜那些爲子女所犧牲的一切？

您相信有些人對於「做父母」這件事的態度，是打從心底的開心和愉快嗎？他們每天早晨一睜開雙眼，想起自己的孩子，就會忍不住地微笑起來。因爲有了孩子，所以他們的生命變得更有意義，而他們也不忘隨時將生命的活力與創意，大量傾注於親子關係之中。

沒有人敢說生兒育女是一件容易的事，更沒有人敢說生兒育女是一件輕鬆的事。然而，爲人父母卻不應該是經常愁容滿面的。以下是我們爲家長們所提供的一些「苦中作樂」的好主意：

1. 多多閱讀有關於教育子女的知識，從書本、報章、雜誌、電視、收音機中，努力汲取正確的幼教新知，讓自己成爲一位「知道孩子在做什麼」以及「知道自己在做什麼」的家長。要知道，愈是懂得多，您愈能胸有成竹做一個有自信的家長，成功與喜悅也通常會因而自動地接踵而至。

2. 不要陷於一個陳舊並且老是重複上演的家庭問題（包括父母的問題、孩子的問題和親子之間的問題）之中。猛力去尋求改變的契機，勇於嘗試新的解決之道。對於過去曾經一再使用，但總是無效的方法和對策，要乾脆爽快地將之三振出局，永遠不再復用。

3. 當您找到了一個好的解決之道時，立刻將之詳實地記錄下來。在您日後沮喪挫敗、灰心氣餒時，這些成功的紀錄會幫助您重整士氣，站穩腳步，再度出擊，利用過去成功的心情，創造出更多更多的成功。

4. 與人分享您的眞實感受。不論是好的心情還是壞的經驗，如果您有一位家人或是一位友人能夠站在相同的立場來瞭解您、安慰您並鼓勵您，您會知道自己其實並不孤單，您的處境也並不稀奇，一切的一切，也就自然而然地比較容易釋懷了。

5. 刻意且努力地將快樂的笑聲和幽默的藝術帶進您的家庭中。記得這是一件任務、一件使命，您必須時時鞭策自己去完成這件工作。例如，您可以將一些令人發笑的漫畫或短文剪下，貼在放眼可見的冰箱門上、化妝鏡上，甚至於上廁所時所面對的一片白牆上。

6. 爲家人的共同歲月記錄一本「趣味日記」，將每一件當時捧腹大笑的「事蹟」順手記下，漸漸的，這本寶貴的日記將成爲全家每個人的「解憂草」和眞正的「快樂泉源」。

7. 勤快地拍照、攝影，忠實地把握住分秒不停快速流逝的生命。這些寶貴的紀錄，日後都將成爲您爲自己所準備的最佳獎勵。

要做一個快樂的好爸爸和好媽媽其實並不難，您只需要下一個決心，告訴自己不可以不快樂，那麼，您就已經成功了一大半了！信不信由您，親愛的家長們，何不試著做做看呢？

提醒您！

- 多多和寶寶玩玩「方格遊戲」和「線軸過山洞」。
- 為寶寶切實做好家中的「消毒」措施。
- 學做一個成功且稱職的「寶寶穿衣顧問」。
- 要開開心心喔！

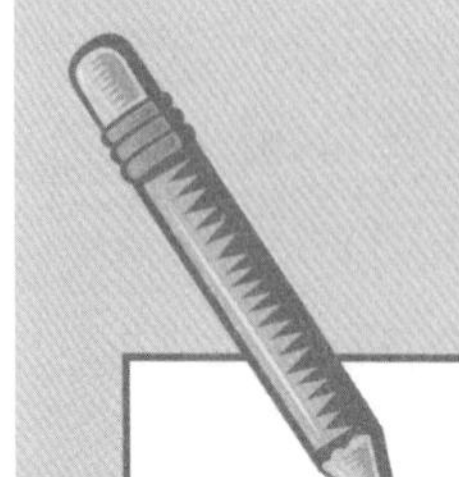

迴　響

親愛的《教子有方》：

您的文章內容總是如此地善解人意，深入我心，所提供的親子活動也是有趣兼有意義，帶給我和孩子許多愜意的共處時光！

您送給我們全家最大的禮物，是帶領我們教會孩子「學習是一件有趣的事」。

謝謝您！

林凱蘭

美國伊利諾依州

第九個月

寶寶不是您所豢養的寵物

您可曾有過如下的經驗：

「這位太太，早啊！這是你的女兒嗎？」

「是啊！這是我的女兒。」

「幾歲啦？怎麼看起來好像想睡覺的樣子？」

「快四歲了！她昨天夜裡尿床，沒睡好，剛剛在公園又跌了一跤，所以現在是又想睡又不開心。這個孩子不知怎地，這麼大了還會尿床！」

「喔！尿床，我知道尿床應該……」

在整個對話的過程中，四歲的孩子眨著雙眼，仔細地聽媽媽對一個陌生人描述自己的糗事，這位陌生人則口沫橫飛地傳授媽媽防止自己不再尿床的方法，彷彿沒有任何一個人注意到她的存在，她低下頭望著自己皮鞋上的小白兔發著呆，心中有一種「怪怪的」感覺……。

這是我們每個大人都容易犯的通病。我們經常會自然而然，也很習慣地當著寶寶的面，討論許多有關於他的事，幾乎完全忘了他的存在，或是將他當作一個什麼也不懂的小木偶！說穿了，我們可能還沒有將他看成是「一個眞正的人」，因而也不曾想起我們需要對他付出的尊重和禮貌。

別忘了寶寶的存在

親愛的家長們，現在讓我們一起將以上的對話重新修改一下：

「這位太太，早啊，這是你的女兒嗎？」

「是啊，這是我的女兒小咪。小咪，說阿姨早！」

小咪小聲地說：「阿姨早！」

「幾歲啦？」

「小咪，告訴阿姨你幾歲。」

小咪害羞地伸出三隻手指頭。

「怎麼看來好像想睡覺的樣子？」

「小咪，告訴阿姨你怎麼啦？是不是想睡覺了？」

小咪委曲地點點頭，同時還指著膝蓋上的一處傷口……。

您注意到這其中的差別了嗎？媽媽所採取的是鼓勵小咪加入談話的方法，讓小咪感受到媽媽對她的尊重。不論外人說了些什麼，小咪此時很安心的知道，媽媽沒有忘了她的存在，並且正以對待一個「眞正的人」的方式在對待她，邀請小咪以自己的方式來參與有關於她的談話。

家長們如能持之以恆地將屬於寶寶那一部分的談話，保留給寶寶自己去處理，久而久之，寶寶除了不會有「他們一定以爲我是一個大白癡」的感覺，更能學會以同樣的尊重，禮貌地對待其他的人。

下一次當您再一次牽著寶寶的小手，在街上遇到熟人，開始彼此嘘寒問暖時，請千萬別忘了，您手中牽住的是一個活生生的孩子，而不是一隻脖子上繫著項圈的寵物！

尋找眞實的自我

三歲九個月、快要四歲的寶寶，每一天都好像是一個不同的人，他的喜好多變，個性時時在轉變，心情更是難以捉摸。

以和小朋友一起玩耍爲例，三歲九個月的寶寶已經成功地參與合作玩耍（cooperative play）（詳見第六個月「群體活動」）之類的遊戲，但是因爲寶寶目前正處於一種隨時要爭取獨立、處處要肯定自我的成長階段，他會經常在與別人和平相處了一陣子後，突然地變得很霸道，開始頤指氣使，希望每一個人都聽他的，每一件事都依他的想法去做。

除此而外，寶寶現在對於生活上的一切大小事情，也都會堅持要依著他的好惡來做決定。他會特別鍾情於某種食物、某件衣服、某一個電視節目、某一個玩具，甚至於某一個人爲他刷牙的方式……。

最逗人發笑的是，寶寶今天所最喜歡的人也好、事也好、物也好，到了明天，很可能就會被他自己全部打入冷宮，又換成另外一批更加新鮮的「最喜歡」。

寶寶在情感方面也喜歡走極端，他會如火如荼、瘋狂地去愛，而對於他所不喜歡的東西，則是絕對不接觸、絲毫不妥協、一丁點兒也不退讓！例如，寶寶可能會有一陣子非常著迷「粉紅貓」的圖案，如果有人喊他的名字，他會抗議：「我現在不叫王大中了，我是粉紅貓！」

親愛的家長們，您以爲寶寶是怎麼啦？是喜新厭舊？是健忘？是頑固？還是無理取鬧？

化妝舞會

別擔心，以上所列都不是寶寶的問題。簡單的說，三歲九個月的寶寶目前所正經驗到的，是一段有趣的並且十分重要的「尋找眞實自我」的成長階段。家長們可以想像寶寶正在「試穿」各種不同的個性、不同的心情和不同的喜好。經由這個過程，寶寶可以試出何者是「自己」，何者不是「自己」。

當寶寶勇敢地輪翻「試穿」各種不同的「角色」時，他最需要的仍然是一個規律穩定的外在環境所提供的安全感。因此，一旦寶寶感覺到這份安全感受到攻擊和侵犯時，他就會全力地反擊，「拚了小命」地去維護這份安全感。

所以說，如果寶寶的家庭正好在此時搬家，添購了新的家具，或是他的生活作息必須突然改變，甚至於媽媽心血來潮換了個新潮的髮型，爸爸買回全新口味的冰淇淋等，都有可能使寶寶大爲光火，爲了保有他的安全感，寶寶會利用小小年紀所能使出的一切招數來抵制這些改變的發生。

掌穩生命小船的舵

親愛的家長們，您的寶寶目前就像是一艘整裝待發的小船，他正揚起風帆，毫不畏懼地準備駛向生命的大海，到每一個不同的水域，在不同的天氣和不同的國度中尋找自己的倒影。此時此刻，規律的生活和熟悉穩定的環境，會如一只強固有力的船舵般，控制著整條船的行進方向及其生死安危。

即使只有細微的輕風吹徐，舵手也必須立即轉舵，才能避免沉船的危險。在人生的旅途中，一份可以依靠的安全感，是寶寶在面臨驚濤駭浪時的唯一依靠。

身爲家長的您，正是爲寶寶生命小船掌舵的最佳人選，在他駛往每一個陌生的航程時，請牢牢地掌穩他的舵！

爲寶寶提供他所堅持的安全感，同時也別忘了容許他大膽地嘗試，靜靜地在一旁陪伴寶寶「試穿」。請您不斷地提醒自己，這是每一個生命必經的學習和成長。當寶寶一會兒東、一會兒西，時而友善、時而冷淡，今天姓王、明天姓張的時候，他是努力地在體驗人生所有不同的層面，並且「稱職」地扮演好每一個不同的角色。

父母們如能以開放與瞭解的心情，合理地支持並且接受寶寶的「試穿」，想必將如參加了一場由寶寶一人獨撐大局的「化妝舞會」一般，會在觀衆席上被寶寶的表現逗得時而驚異稱羨，時而開懷大笑，時而大聲叫好。

親愛的家長們，請您千萬別錯過了這一場一生難得一見的「精采好戲」！

童稚的友誼

在寶寶生命的前三年，他以全心依賴的孺慕之情，心無旁騖地搭建通往父母和家人的情感橋梁，寶寶小小的心靈中，只容納得下這些至親的人，他也只在乎這些人。

當寶寶漸漸長大，通常是大約三歲之後，他和「非家庭成員」之間的感情與互動，即成了社交生活中的一個重要部分。正如俗語所說：「工欲善其事，必先利其器。」在三歲多的寶寶開始結交朋友之前，他必須先學會如何與人（多半是大約同齡的小朋友）正確地相處，並且得體地產生互動。

想必您也已經發現了，童稚的友誼非常的「另類」，完全不符合字典中「友誼」的定義。

譬如說，兩個三歲多的孩子可能前一分鐘還融洽開心地一起尖聲大笑，下一秒鐘卻已經彼此怒目相對，爲了一個玩具而爭得面紅耳赤。而當您緊張地奔往「戰地」，試著調停雙方時，這兩個孩子卻又已經合好如初，趴在地上玩起小火車了。

在這個重要的成長過程中，寶寶身旁的大人可以悄悄地爲寶寶在暗中使把勁，幫助他早日跨出這種「另類」的交友方式。以下是我們爲家長們所整理出的一些有效的方法：

1. 爲寶寶和他的朋友們準備適合他們身心發展的玩具。對於幼小的兒童而言，過分困難或是過分簡單的玩具，都是十分無聊不好玩的。因此，爲了讓寶寶和他的玩伴們能有一些「繼續共同玩下去」的理由和興趣，爲他們選擇適齡的有趣玩具，就成了父母們事先必須先準備好的一項重要任務。

2. 每一種玩具最好都能一人有一樣，以避免小朋友們爭奪玩具。故意提供一件有趣的玩具，打算藉機讓寶寶學習「與人分享」的美德，結果通常是不歡而散的。

3. 確定每一件玩具都是完整的，沒有壞掉或是缺少了重要的零件而無法操作。想像一下，如果寶寶和他的小朋友從玩具箱中找出的玩具，不是少了一個輪子的救火車，缺了許多組片的拼圖，就是漏光了氣的皮球和裝了電池也不叫的玩具小狗，這是一個多麼難過的處境啊！寶寶和小朋友之間，又怎能開開心心地玩在一起呢？

屬於幼兒「童稚的友誼」多半源於「玩在一起」的時刻，因此，如何能讓寶寶和小朋友們玩得很開心、很入神、還想再繼續下去，就是家長們的重要工作囉！

親愛的家長們，請您千萬不要委屈地以爲您爲寶寶吃苦耐勞、做牛做馬之外，還要「伺候」他和小朋友玩得爽快是一件很誇張的事，因爲這種「童稚的友誼」不僅是日後友誼的種子，更是寶寶發展成功社交能力不可或缺的重要學習過程，請家長們千萬不可妄自菲薄喔！

組織時間

時間是生命中一項神祕的元素，無聲無嗅也無息，每個人每一天不多也不少，十分平等地都擁有二十四個小時。時間不爲任何人停留，也不爲任何人改變流動的速度。每個人的生活都由時間所控制，雖然沒有一個人能逃得了，但是那些懂得組織時間，進而利用時間的人，必然是生命旅途中的大贏家。

人類擁有學習組織時間的本能，幼小的兒童藉著日常生活中重複發生的各種「大事」，得以感受時間，並且學習如何組織時間。

一些規律發生的大事，包括一年一度的中秋節、寶寶自己的生日、媽媽每個星期天早晨帶他上超市、自己每天下午睡午覺等，會幫助寶寶在不知不覺中順應著時間的腳步，建立一套有系統的內在生物時鐘，作爲他學習組織時間的入門第一步。

接下來，有心的家長們可以主動出擊，在日常生活中以各種不同的方式，幫助寶寶更進一步地學習如何有效組織時間和管理時間。

寶寶一起來準備

不論您是準備晚餐，收拾屋子準備客人的來臨，或是打點行李準備作一趟短程的旅遊，都請您別忘了三歲九個月的寶寶也可以一起加入這些準備的工作。

您可以請寶寶排放餐具，分配零食點心，更可以請寶寶自己想一想每天從早到晚所需使用的物品，然後一樣一樣地按照使用的先後順序，放進他的小皮箱中。寶寶也許還不能做得很好，偶爾還會闖幾個小禍，但重要的是，在這個參與的過程中，寶寶可以學到兩項有關於組織時間的重要觀念：

1. 過去（例如，早晨使用的牙刷）、現在（例如，面前的空箱子）和未來（例如，將牙刷放進空箱子中，明天早晨才有牙刷可使用）之間的分割點，就是時間。

2. 有的時候，某人的期望和需求（例如，寶寶很想吃桌上剛擺好的糖果），是無法現在就被滿足，並且會因爲某種原因而被「延遲」到未來（例如，要等客人全到齊了才可以吃桌上的糖果）才發生。

這些重要的時間觀念口說難懂，唯有藉著親身的經歷，才能豁然明朗，因此，《教子有方》建議家長們別忘了要多多邀請寶寶參與各式的準備工作，即使是您必須因而多花一點時間，多出一點體力，也請您在可行的範圍內，做一位大方的「爸爸師傅」或「媽媽師傅」，讓三歲九個月的「小徒弟」能有插手做事的學習機會，以期他能早日出師。

寶寶穿衣服的學問

放手讓寶寶學學自己穿衣服，給他足夠的時間，寶寶會在您的教導和自我的摸索與練習中，學會穿衣服這件事所牽涉到的許多先後順序。

當幼小的兒童爲自己穿衣服時，他們經常會忘了「先」穿襪子「再」穿鞋子，或是先穿「內褲」再穿「外褲」。也就是說，他們沒有想到這些重要的「先」「後」次序。如此的學習經驗，會在幼兒下一次做同樣的動作時，讓他想起上一次的錯誤，而小心地在事先規劃好整件事的順序，先想清楚哪一件衣服最先穿，哪一件衣服最後穿。在這個大人們看來相當有趣的學習過程中，寶寶所學會的是組織時間的基本能力。

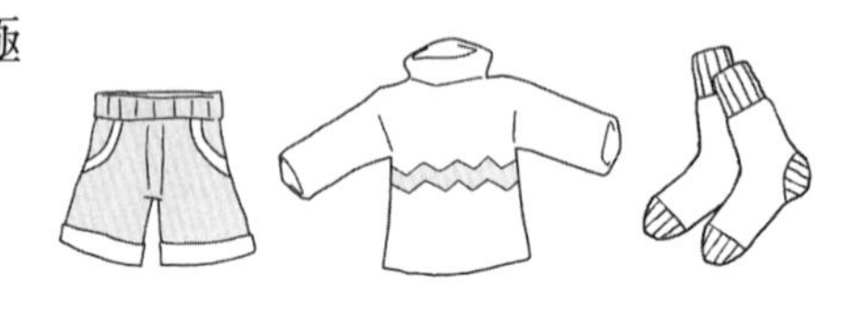

家長們還可以更爲積極地加強寶寶組織時間的能力。試試看，寶寶能不能在前一天晚上睡覺之前，就把第二天要穿的衣服預備好。例如：「寶寶，你能不能『先』把明天早晨要穿的衣服全部找出來？」

然後，家長可以幫忙寶寶按照穿衣的順序，將衣服分別排列在床頭的小桌子上。「對了，先穿上衣，放在最前面，再穿裙子，放在中間，最後戴帽子，放在裙子的後面。」

您的寶寶會十分用心、十分注意，也十分感興趣地來學穿衣服，只要付出一些耐心的教導與提醒，不久之後，寶寶既能練就一身穿衣服的好本事，更能因而對「組織時間」這個觀念有了深入與實際的瞭解，這豈不是一件一舉兩得的優良親子活動？

寶寶洗澡的學問

除了學穿衣服以外，您不妨也讓寶寶學學「自己洗澡」這門學問。哇！這可算是「高級班」的學習喔！

想想看，寶寶必須自己脫除衣物，進入浴盆（請家長們事先調好水溫，以免發生燙傷的意外），用一塊肥皀從頭到腳將身體每一個部分「依序」地擦抹，然後清洗乾淨，用「事先」準備好的毛巾擦身體，最後，穿上「事先」準備好的乾淨衣物，才可算是大功告成。

寶寶如能將這整套「洗澡學問」中所包括的「順序」全都

學會，那麼他組織時間的本事必定會功力大增，令人不得不刮目相看。

還是唱唱歌吧！

有的時候，寶寶會覺得以上所列的這些準備計畫，洗澡課、穿衣服都太「辛苦」，太「需要用腦」，在這種情形下，家長們可以利用一些「敘事性」的兒歌教唱，來「灌輸」寶寶組織時間的能力。

在中文的兒歌中，簡短的如「妹妹背著洋娃娃」：

妹妹背著洋娃娃，
走到花園來看花，
娃娃哭了叫媽媽，
樹上小鳥笑哈哈。

比較繁長的如「西風的話」：

去年我回來，你們剛穿新棉袍，
今年我來看你們，你們變胖又變高，
你們可知道，池裡荷花變蓮蓬，
花少不愁沒顏色，我把樹葉都染紅！

這些兒歌都可邊唱邊引導寶寶的思路跟隨著歌詞，在時間的領域中自由地穿梭。

親愛的家長們，讀完本文，您知道該如何幫助寶寶建立組織時間的能力了嗎？不論您打算利用以上哪一種方式，都請別忘了要寓教於樂喔！

上北、下南、左西、右東？

三、四歲的幼兒除了可以開始學習時間的管理，也必須學會在三度空間中物體的管理。以下我們爲家長們介紹一個簡易有趣的活動，幫助寶寶建立空間中的組織能力。

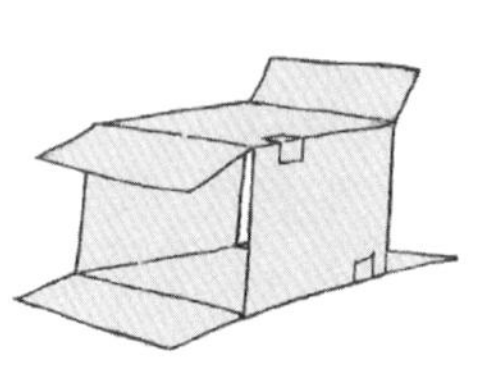

在一張長方形（約三十公分寬、四十五公分長）的圖畫紙上，先依下圖所示將餐盤、餐巾、刀、叉、湯匙和水杯全部排放好，然後將每一件餐具的外形用深色簽字筆描在紙上。

找一個寶寶心情不錯的時間，對寶寶說：「來，我們來學一學西式餐具的排放。」將已描好餐具定位的圖畫紙放在寶寶面前，先讓寶寶將餐具依樣排好，並且多多練習幾次。之後，您可反轉圖畫紙，使全白的一面朝上，然後請寶寶試試將餐具以正確的方式，排放在這張沒有任何提示的餐紙上。

當寶寶大致將六件餐具都排好之後，您可以幫寶寶做一些最後的修飾。例如，「對啦，杯子在刀的*上*方，叉子在*左*邊，餐巾也在左邊。」、「嗯，這個盤子可能要再往下移一點，寶寶，你可以把盤子挪一下嗎？」和「還有，刀子和湯匙太擠了，寶寶，你可以把湯匙往右邊移一些嗎？」諸如此類大量運用上、下、左、右等空間名詞的指示，能夠有效地在趣味中培養寶寶強烈的空間組織能力。這些能力會在日後大大助長寶寶閱讀、寫字與演算的技巧。

有心的家長們還可以爲寶寶設計一套中式的餐具擺設組，利用飯碗、筷子、小盤、湯匙及茶杯之間的相對位置，更加豐富地啓發寶寶在空間中的組織能力。

您用什麼方式處理自己的憤怒？

世界上每一個人都具有憤怒的能力，也都有冒火發怒的時候。然而，愈是在文明的社會中，一切的禮節與風俗似乎就愈強烈地在暗示：「有教養的人，是不可以失態發火的。」

因此，我們常常會把憤怒憋在心中，壓得自己透不過氣來。表面上看來此人修養到家，不動聲色，但是實際上他卻是暗暗地含恨切齒、氣衝腦門，假如此時爲他做個簡單的體檢，我們將不難發現他猛地竄高的血壓、加快的心跳和擴充的血管，處處都隱藏不住地散發著陣陣的火藥味，正是一股子「山雨欲來風滿樓」的「凶險」哪！

這種「表面君子」、「內裡火爆」的憤怒，通常只有一種結果，那就是當胸中的怒火積到按捺不住的時候，一切新仇舊恨都會湧上心頭，就像火山爆發一般，熾熱的岩漿會滾滾傾出，不僅炸傷了自己，同時也會燙傷四周的人。

值得深刻反省的一個重點，是我們每個人情緒火山爆發的方式，幾乎與成長過程中父母對待我們的方式完全雷同。

有些家庭喜歡上演全武行，在父母盛怒時，他們拳腳並用，甚至於動用「家法」，其所造成肢體上的傷害，情況可能極爲嚴重。在報紙社會版中我們不時會讀到，某位家長在憤怒得失去理智的當兒，親手葬送了自己孩子的性命，以及其他許多聽來慘無人道、駭人聽聞的家庭暴力事件，全都是這種憤怒處理方式所導致的不幸後果。

還有一些家庭喜歡利用言語來宣洩怒火，他們唇槍舌劍，以冷嘲熱諷，甚至如潑婦罵街般地彼此互相吼叫。外表上看來，在火山爆發之後，家中每個人都是完好如初，毫髮無損，但是存留在內心深處因言語所造成的傷害，可能會使得一個心靈終其一生都將止不住地沁著鮮血！雖然這一類型的「家庭事件」鮮少爲人所知，但是許多「恩斷情絕」、「親子反目形同陌路」的家庭悲劇，也都是肇因於此種類型的憤怒處理方式。

具有「大家風範」的家庭，在表面上看來，憤怒彷彿就像是「春去了無痕」般被壓抑得不見一絲痕跡，但是憤怒並沒有離去，也並沒有消失，只是改變型態，化身爲腰痠背痛、頭疼失眠、氣喘過敏等「不明原因」的「怪病」。

當然囉，還有些人在憤怒時採取沉默不語的方式，無形地捆綁自己，也捆綁周圍的人；有些人採取逃之夭夭、離家出走的方式；有人會哭，有人會鬧，更有人會上吊……，我們不必在此細數這些憤怒的種類，但是《教子有方》建議讀者們，試著採納以下我們所介紹「比較好」的處理憤怒的「藝術和技巧」。

生氣的學問

1. 誠實地對自己說：「我生氣了，我冒火了，我眞的要發怒了！」提醒自己這是每個人都會有的正常反應。如果有一天寶寶將您惹毛了，您眞的快要氣爆了，這也沒有什麼太嚴重，因爲這是每個人都會有的反應。其實有的時候，寶寶也會被您給氣爆哪！

2. 打開心門，面對赤裸的自我，告訴自己：「憤怒並不帶給自己傷害他人的權力，無論自己有多麼的生氣，傷害他人都是不被容許的行爲。」

要知道，生氣與憤怒是一種情緒，但是當一個人因爲憤怒而開始攻擊他人時，憤怒即變成爲一種可怕的「行動」。

別忘了，一個人可以感受正常的憤怒情緒，但是絕不可以採取攻擊他人的行動！

3. 將您的憤怒說出來。讓您的「目標」明白您的憤怒，這件事沒有什麼不對，告訴寶寶：「媽媽生氣了，我看到牆上的蠟筆畫，我不喜歡每天洗牆壁，媽媽眞的非常生氣！」

同樣的，有的時候您也可以主動地和寶寶談一談他心中的憤怒：「媽媽知道你現在很生氣，但是我們現在必須要回家，不能再在這間玩具店久待了。」

4. 當您因爲憤怒忍不住開罵時，多多強調您心中的不爽，千萬不要去攻擊他人。

例如，您可以說：「我看到家中玩具撒得滿地，衣服、襪子到處亂扔，用過的東西不歸回原位，心中就立刻燃起了一把無名火！」

但是，您千萬別說：「寶寶，你怎麼*每次*都把玩具撒得滿地，脫下來的衣服、襪子*沒有一次*自己收好，用過的東西也*從來沒有*自動放回原位，我非常生氣！」

舉凡人身攻擊和以「你每一次……」、「你從來沒有……」、「你是一個……」等開頭的話語，無論您有多麼的憤怒，也都請您絕對不可將之說出口。這些話語傷人的威力比毒蛇的劇毒還要猛烈呢！

5. 避免讓自己陷於憤怒的處境中。許多的時候我們會「挑彆」地故意去問一些明知會得到負面答案的問題，把自己逼上梁山，陷於一種進退兩難、「氣死自己」的死胡同中。

假設寶寶睡覺的時間到了，但是他還沉迷於卡通影片精采的劇情中，這個時候如果您問寶寶：「去睡覺了好不好啊？」寶寶的回答必然是：「不！」想想看，接下來您該怎麼辦呢？

比較「高竿」一點的方法，是直截了當、清楚明白地對寶寶說：「睡覺的時間到了，寶寶把電視關掉！」寶寶也許會撒賴地要求再多看幾分鐘，但是此時的局面，是否比較不是那麼的帶有火藥味呢？

6. 容許您的「目標」一起來撲滅您心中的怒火。當您眼睜睜地看到「前科累累」的寶寶，再一次將整杯牛奶打翻在剛剛才清洗打亮好的地板上時，您要清楚地告訴寶寶您生氣了，原因是您不喜歡清洗地板。接下來，與其自己邊生氣邊教訓寶寶，還要邊擦地，不如問問寶寶：「現在怎麼辦？牛奶灑了一地！」鼓勵寶寶「自己做事自己當」，自動開始清理善後，擦地板。這麼一來，您雖然還是要在寶寶擦好地板之後再稍微補充清掃一下，但是寶寶既然已用行動來表示了他的歉意與補償，您又不必太辛苦地擦地，心中的憤怒想必也就自然地「自動降溫」了。

如此，您即可稱得上是一位「懂得如何生氣」的好爸爸或好媽媽囉！

順手牽羊？

想像您和坐在購物車上的寶寶一起在超市選購食品，您付了錢，正把購物車推出超市大門，突然瞥見寶寶手中不知何時多出了一包他最愛吃的餅乾，再看看寶寶，他正滿臉若無

其事，開心地等著回到家之後吃餅乾。

「糟了！」您在心中暗叫不妙，「寶寶怎麼學會偷東西了呢？現在該怎麼辦？押解寶寶回去自首嗎？」

請先別著急！對於幼小的兒童來說，這個美好世界中的每一項物品，都是可以供他隨時「取用」，並且來源永遠豐沛不缺的。

在家中，他每天早晨看著報紙自動出現在大門的信箱中；當大人購物時，只要伸手將貨品從物架上取出，即可放入購物車上；即使是錢，寶寶所看到的也是爸爸輕鬆地從銀行提款機中放入一張卡片，錢就會自動跑出來。

金錢交易的行爲所代表的實際意義，在寶寶的腦海中尚且十分的模糊。寶寶目前仍然需要學著認清哪一樣物品是他的，哪一樣不是他的；什麼是可以碰的，什麼是不可以碰的；哪些是他可以自己取用，哪些是必須大人同意才可取用的。對於一個還不滿四歲的孩子而言，這些功課已足夠讓他忙得不亦樂乎了。

而當寶寶將自己家中一切的「法規」全弄清楚了以後，迎接他的還有「家門之外」的整個世界成文的和不成文的規矩。漸漸的，寶寶還要學會一些道德觀，知道什麼是自己的良心，以及什麼是公理與正義。

至於目前，當他「順手」從貨架上「拿起」一盒餅乾時，他的動機絕對不是「行竊」。您只要冷靜地告訴寶寶：「喔，這盒餅乾還沒有付錢，走！我們回到店裡去付錢。」並且解釋給他聽：「店裡的每一樣東西都需要先付錢才能帶回家。」您還可以讓寶寶自己到收銀處去付錢，領回收據之後，告訴寶寶：「這盒餅乾現在是寶寶的啦！」

假如有人「逮到」寶寶「做小偷」，十分生氣地責備他：「你怎麼可以偷東西？壞孩子！」寶寶雖然還不懂得什麼是「偷」，但卻可以清楚地知道自己「壞」。親愛的家長們，如想避免寶寶陷於這種不知道為什麼自己很壞的困境中，我們建議您要以寶寶所最需要的愛心與瞭解來處理這整個事件。畢竟，我們應該要能以「不知者不過」的理由，來接納三歲九個月寶寶所犯的無心之過。

陪寶寶玩遊戲

在本月的《教子有方》中，我們繼續為讀者們介紹四種簡單、有趣又富於心智發展意義的親子活動，希望您能多多找些機會，陪著寶寶一起玩。

為媽媽做一條項鍊

目 的：鍛鍊寶寶手指頭小肌肉的靈活程度，以及培養優良的手眼協調能力。

教 材：一粒鈕釦、一條鞋帶和一小包義大利式乾燥中空通心粉。

基本玩法：邀請寶寶和您一起動手來為媽媽做一條項鍊。先在鞋帶的一端打一個結，將鈕釦從另一端穿在鞋帶上，然後再將乾燥通心粉一個一個分別穿在鞋帶上，直到您所滿意的長度為止。將鞋帶的另外一端也打一個結，最後再將兩端的兩個結連在一起，一條寶寶親手參與製作的項鍊就算是大功告成了。

變化玩法：

1. 利用不同顏色和形狀的通心粉來穿出好看的花色和式樣。

2. 帶寶寶出去散個步，撿拾一些新鮮美麗的樹葉，用小形打洞機在每一片葉子上打一個洞，與通心粉間隔（一個通心粉一片樹葉）穿入鞋帶上。

備註：

1. 盡可能讓寶寶多多動手。理想的情形是，您先做一串給寶寶看，再讓他自己重新做一串。

2. 請別忘了要邊做邊說地為寶寶解釋每一個動作。例如，「寶寶，你看仔細，現在我把通心粉串起來啦！」或是，「唉呀，忘了先打繩結，通心粉全滑出來了！」等的口述說明，不僅能幫助寶寶多學會一些字彙，還可以幫助寶寶將「所做的」、「所說的」和「所想的」事情全部連結在一起，使小小的腦海中產生一個全盤周詳的「如何做項鍊」的概念。

3. 當寶寶不肯好好與您合作，不專心地聽，不仔細地看，等輪到他做的時候，卻又「胡攪蠻纏」地亂做一通的時候，請您千萬不可生氣，更加不可因此而責備寶寶。別忘了，你們正在做的是一條送給媽媽的項鍊，而不是一份大學聯考的模擬考題。此外，寶寶如果沒有興趣，也沒有動機，那麼任何的學習也就都不會發生了。

印一張精美的包裝紙

目的：促進寶寶手眼協調能力的發展，並且激發寶寶潛藏的創作力和想像力。

教材：一顆生的馬鈴薯，一把小刀，兩小罐廣告顏料，一大張白報紙（或是電腦報表紙）。

基本玩法：先用小刀將馬鈴薯切成兩半，然後在兩側切開面上分別以小刀挖出幾個不同的幾何圖形（例如，圓形、三角形、星形、心形等，詳見右圖），再以廣告顏料將其餘的平面各自塗上兩種不同的顏色。將準備好的馬鈴薯遞給寶寶，讓他自由地在白報紙上

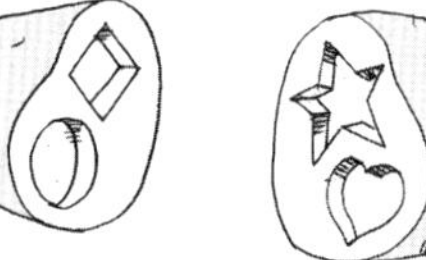

製作「印花」。

變化玩法：

1. 寶寶除了可以印染包裝紙之外，還可以在您的同意下，試試在不同的布料上（例如，舊的桌巾、床單和毛巾），留下他的大作。

2. 對於「忍不住技癢」的家長們，我們也鼓勵您利用大黃瓜、白蘿蔔等蔬果，以雕刻（而非挖鑿）的方式，做出各式不同的「印章」，加上變化豐富的顏料，讓寶寶放手大膽地進行他的印染工程。

備註：

1. 這一個遊戲中所使用的小刀，對於寶寶來說太過於危險，因此，我們建議先由家長們來切刻馬鈴薯，而僅讓寶寶參與上顏色和「印染」的部分。等到寶寶稍微再大一點，您也許可以考慮讓寶寶在您的密切監視下，以平鈍無齒的牛油刀，在馬鈴薯上刻出他所想到的形狀。

2. 利用這一張包裝紙來包裹前一個遊戲中所做的手工項鍊，相信當媽媽收到這份別出心裁的禮物時，必定會被感動得不知該如何是好。

做幾個面具來開化妝舞會

目的：幫助寶寶練習角色扮演（role play）。

教材：一個紙袋，一把剪刀，幾支彩色筆。

基本玩法：先將一個紙袋鬆鬆地倒扣在寶寶的頭上，由您爲寶寶找出他的五官所在位置。將紙袋從寶寶的頭上移開，剪出眼睛、鼻子和嘴巴的位置。接下來，讓寶寶利用彩色筆爲他的面具畫上眉毛和耳朵。

大功告成後，即可讓寶寶戴上面具站在鏡子面前，欣賞他的傑作，也看看自己的新模樣。

變化玩法：

1. 您可以盡可能地裝飾這個面具，利用捲筒衛生紙的中軸，黏出一個如木偶般的長鼻子；裁開一個小的紙盤，在兩旁各貼出如小飛象般的大耳朵；額上畫出深深的長壽紋；臉頰上抹上紅紅的胭脂；甚至於用幾個紙圈圈黏出兩串耳環……，這些都是您可以憑著「瘋狂」的想像力和寶寶共同合作的創作題材。

2. 如果您家中有一些現成的棉花球，這些棉花球就可以用來黏出聖誕老公公的白鬍鬚、白眉毛和白頭髮。

3. 您還可以隨著寶寶的喜好，用一條舊毛巾爲寶寶披上一件超人般的披風，這麼一來，寶寶可稱得上「全副武裝」、打點妥當了。

4. 問寶寶：「請問你是誰？」

寶寶會說：「我是唐老鴨！」

再問：「唐老鴨，你好，你現在在做什麼？」

也許寶寶會說：「我現在要去找米老鼠！」

您可再問：「喔！你找米老鼠有什麼事情啊？」

如此，您可引導寶寶進入豐富的想像王國，痛快地享受一下「假裝」的樂趣。

5. 爲您自己也做一個面具，和寶寶一起來開個化妝舞會。

備註：請您確實做到以紙袋來進行這個遊戲，塑膠袋子即使看來還算寬鬆，仍然極容易導致寶寶窒息於其中的意外。

動手做一個新樂器

目的：增進寶寶聽覺的辨識能力，並且激發他對於音樂的興趣。

教材：一小塊木板、釘鎚、釘子和一些橡皮筋。

基本玩法：這個遊戲可能需要爸爸幫一些忙。先將兩根釘子釘在木板上，套上一條橡皮筋。再釘兩根釘子，這一次距離要隔得較遠，再套上第二條橡皮筋。此時，兩條橡皮筋必須是平行的。如此繼續加寬距離，再套上三至五條橡皮筋，一個簡單的樂器即算製作完成了。

您可讓寶寶自由地撥彈「琴弦」，自哼自唱一些自編的小曲子，也可不時地問問寶寶：「你覺得哪一條橡皮筋好聽啊？」測測寶寶是否已聽出每一條「琴弦」的聲音其實並不相同。

備註：用釘鎚敲釘子對於寶寶而言是十分危險的活動，因此，請您務必在完全釘好釘子之後，再由寶寶套上橡皮筋，以免弄傷了寶寶的小手。

提醒您！

- ❖ 別忘了寶寶不是一個「洋娃娃」或「小木偶」，他是活生生的「小人」。
- ❖ 要為寶寶和他的小朋友們準備好玩的玩具。
- ❖ 多讀幾遍「您用什麼方式處理自己的憤怒？」一文。
- ❖ 小心寶寶會「順手牽羊」。

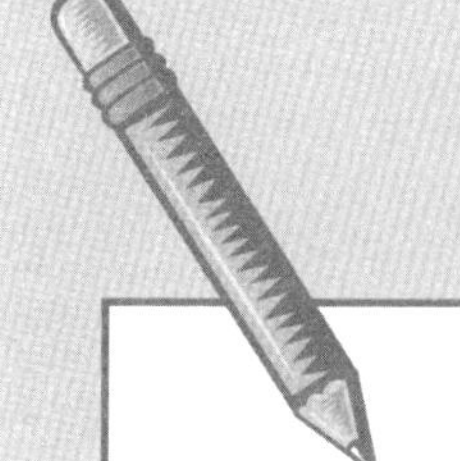

迴　響

親愛的《教子有方》：

我喜歡《教子有方》，閱讀這份刊物的感覺幾乎就像是在和孩子親密地聊天。

每一個月當郵差送來《教子有方》之後，我總是迫不及待地立刻拆閱。同一份《教子有方》我也總是反覆閱讀好多次，直到全部融會貫通為止。

《教子有方》真是一份不可多得的好刊物！

謝謝您！

潘得意

美國依利諾伊州

第十個月

稱讚的藝術，批評的學問

不可否認的，幾乎全天下的父母都喜歡不時地將子女「評頭論足」地審核一番，有時是讚美，有時是批評，許多父母們從孩子生下來的第一天起，就會持續不斷、隨時隨地「鑑定」子女的一言一行，自到嚥下最後一口氣時方才停止。

如此一來，父母的「人生品味」以及其「鑑賞子女的哲學」，將會深遠地影響著孩子的未來。良好的稱讚與批評可以激勵孩子的上進心，修正他不自知的缺點。反之，不當的稱讚可能造成適得其反的不良後果，不當的批評更是會如利刃一般，深深刺傷孩子的人格與心靈。

因此，我們由衷地希望《教子有方》的讀者們，每一位都是「品茗子女」的眞正行家，成爲「評論子女」的箇中高手，在生命的旅程中，愉快且成功地與子女同行。

錯誤的稱讚

稱讚子女的方式有兩種，讓我們先來談一談錯誤的稱讚。

當一位母親剛剛目睹孩子完成了一幅水彩畫時，她很可能會不經多加考慮，即「自然而然」順口地對孩子說：「哇！這眞是一張美麗的畫，黃昏的夕陽畫得眞像，你眞是一位了不起的小畫家！」

然而，母親所說的「這是一張美麗的畫」這一句話，並沒有陳述事實，因爲眞相是，寶寶在過去三十分鐘所做的，純粹只是用一堆彩筆和顏料，潑潑灑灑、塗塗抹抹，試驗不同的色調和筆觸，而他所製造出來的作品，充其量也只能說是「一張練習畫畫三十分鐘的紀念」罷了！

其次，「黃昏的夕陽畫得眞像」這句稱讚也並不切實際。寶寶自己心裡明白，他的亂塗亂畫並不是「黃昏的夕陽」，所以他可以聽得出母親口中這句讚美所包含「虛情假意」的成分，甚至於寶寶可以感受到母親「討好」和「諂媚」的用意。

除此之外，寶寶會因此而錯誤地以爲他所製造出來的美術作品，一定要像一樣東西（此例爲「夕陽」），母親才會喜歡，才會覺得他畫得好。反而他在過去三十分鐘所付出的練習與心血，全是不値得一顧的。對寶寶而言，這是一種十分混淆的訊息，他的心中此時交織著迷惑不清和非常失望這兩種負面的情緒。

最後，寶寶心裡知道得很清楚，他並不是「一位了不起的小畫家」，他連畫畫是怎麼一回事都還在摸索嘗試中，怎麼可能就算得上是「畫家」呢？

親愛的家長們，在您繼續讀完此文之前，我們想邀請您在此暫時打住。找一張空白紙，仔細想一想，應該如何來「修改」上述這位母親出自善意但卻導致負面效果的稱讚呢？等您在紙上寫下你的想法之後，讓我們再繼續來討論稱讚的藝術。

行家的稱讚

延續上例，這位愛子心切的母親如能採用以下的口氣來稱讚孩子的作品，效果應該會大不相同。

「嗯！我覺得這些顏色混在一起的感覺滿好的。」、「哇！你這次用了很多種不同的顏色。」、「看來你今天畫得很開心，是嗎？」

在這種稱讚方式中，雖然聽不出任何的「歌功頌德」，亦不能帶給寶寶飄飄欲仙，自認是天才大畫家的得意快感，但是母親所說的卻是句句事實，所帶給孩子的是踏實的肯定、貼切的認同和誠實的鼓勵，唯有當這些感受累積在一起的時候，寶寶才能感覺到眞正的快樂。

「顏色混在一起的感覺滿好的」，表示母親心中眞正欣賞孩子的作品，不需要畫任何主題，即便是一堆顏色，混得好也能令人賞心悅目。

「用了很多不同的顏色……」是一個事實，母親認為這是一項進步，因此給予寶寶由衷的讚美和稱許。

「畫得很開心……」這一句話讓寶寶清楚地感受到母親樂於見到他畫得開心，只要是能夠帶給寶寶快樂的事，母親也會因此而快樂。同時，母親也藉此讓寶寶明白，她看到了寶寶的努力練習，她也為此感到十分的欣慰。

親愛的家長們，您在白紙上所寫下的修改方式，是否和我們此處所列出的答案十分相似呢？如果是的話，那麼您認為在實際生活中，完全無法預習準備的情形下，您可以隨機應變地對寶寶說出這種「行家的稱讚」嗎？

《教子有方》建議您抱著「不說不錯」的態度，先在心中默默地演練幾次您對於寶寶的讚美，在還沒有想好之前，請先什麼也不要說，等到您有了九成的把握之後，再一次對寶寶全部「稱讚」清楚。別害怕，相信只要您能多多練習幾次，很快的，您一定會成為一位眞正懂得稱讚藝術的行家。

錯誤的批評

同樣的，對於子女的批評方式也有兩種，讓我們還是先從錯誤的方式開始談起。

爸爸也許會不假思索地在寶寶將整杯牛奶打翻在地上之後，即破口大罵：「看你把牛奶打翻了，怎麼會這麼笨呢？」這麼一句聽來沒有什麼大不了的責備，其實正包含了一個極大的錯誤！

任何時候，當父母罵子女是「××」的時候，父母不僅是主觀地判斷了這個孩子，並且還預言了孩子的未來。以上述這個例子來說，爸爸說寶寶「笨」，寶寶也會因而學會了他很「笨」的這個事實，而他無法改變這個事實，也就因此永久的「笨」下去！

親愛的家長們，現在請你再度拿出紙筆，爲以上這位父親修改一下罵孩子的方式，好嗎？

高明的批評

《教子有方》給予上述父親的建議是，與其不著重點地對寶寶採取判斷性的人身攻擊，不如論事不論人地爲寶寶指出他所犯的錯誤。這位父親可以說：「你把杯子放得太靠桌緣了，現在你來和我一起擦地板。」

如此一來，寶寶可以看清楚事情的起因，而在下一次喝牛奶時，避免同樣的情形再次發生。此外，寶寶知道爸爸因爲牛奶灑在地上而生氣了，但是爸爸給了寶寶一個補償的機會（「來和我一起擦地板」）。

這種批評方式絲毫不帶有攻擊寶寶這個人的色彩，反而指出了寶寶在行爲上所需要修正的地方，既不傷害孩子的自我意識，又可幫助孩子改進向善，實在是我們認爲高手級的批評方式。

親愛的家長們，如果您能避免主觀論斷寶寶這個人，不論是讚美或批評，都堅持就事論事的立場，試著成爲稱讚行家和批評高手，寶寶便會在不斷的學習與進步中，看到自己的缺點，他更會努力去追求自我的期許，不怕困難地達成目的，並且懂得珍愛那個眞實的自我。

試試看，要成爲稱讚的行家和批評的高手，其實並沒有想像中那麼難。

打發等待時間的遊戲

在每一天的生活中，常有許多很無聊的「等待」，例如，等公車、等看醫生、排長龍買球票等等，實在是大人和小孩都很受不了、很不耐煩的活動。以下我們所要介紹的親子遊戲，非常適合當您和寶寶共同等待時，邊玩邊打發「冗長的時間」。

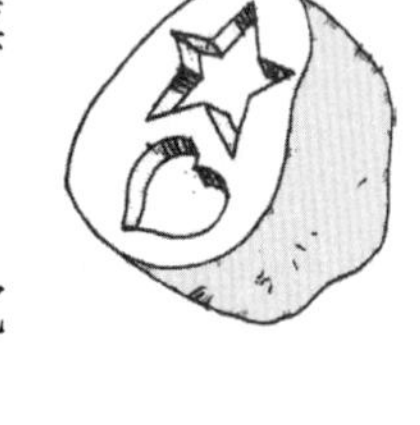

先對寶寶說：「我現在看到一件東西。」這件東西對於寶寶和您都必須是顯而易見的，然後再慢慢地多給寶寶一些暗示。

簡單的如：「這件東西現在在桌子上。」

中等難度的如：「這件東西是方形的，也是紅色的。」

最難的如：「這件東西是皮製的。」

如果一個暗示太少，您也可以將幾個不同難度的暗示混在一起。

一個初次玩這個遊戲的幼兒，可能會看一看四周，「沒頭沒腦」地亂猜：「是不是我的鞋子？」、「鉛筆？」、「一盒面紙？」當這種情形發生的時候，家長們可以和寶寶對換角色，由寶寶來出題，讓大人來猜。

先靜靜地聽完寶寶的暗示：「我看到了一個亮亮的東西。」

接下來您可以引導地問寶寶：「是在上面一些？還是下面一些？」、「是什麼顏色的？」、「比我的手大？還是比我的手小？」……

漸漸的，寶寶會愈來愈懂得如何出題，以及如何答題。到了那個時候，你們親子兩人可能會玩得忘了時間，覺得時間過得太快，還想再多等一會兒哪！

男生來自火星？女生來自水星？——二之一

在我們所居住的這個地球上，萬事萬物似乎皆有正反、陰陽、雌雄、公母之分，人類也不例外，可以分為男和女。這兩種不同的性別，各有特色，無分軒輊，從生命創始的第一剎那即已存在，並且在未來的一生中，深刻地左右著生命的走向。

想想看，當一個小嬰兒剛出生時，我們是不是第一句話就會問：「是男的？還是女的？」雖然說這種性別的分法是純然屬於解剖性的，但是接著下來會有一連串與性別有關的期望，同時迎接著這個男嬰或女嬰。舉凡人格、個性、行為、愛好、興趣，甚至於穿衣服的方式，都會因為這個嬰兒的性別而帶給人不同的感受。

那麼對於您三歲十個月大的寶寶，一個學齡前的幼兒，是男生或是女生，又代表著什麼意義呢？

這個問題的答案很難一言以道盡，原因在於：

1. 一個幼小兒童對於男與女的認知，和成人對於性別的認知，是屬於完全不同的層次與不同的境界。

2. 一個幼兒的男女認知，也會隨著年齡的增長而逐漸改變，尤其是在寶寶三歲到五歲（上學之前）這段時間，這層認知的改變會更加地深刻與明顯。

3. 外在社會對於性別角色的特徵（gender-role stereotype）以及期望，也是隨時不停地在改變。

在本文中，我們將深入討論一個幼兒在成長的過程，對於性別觀念認知的成熟，而在下個月「男生來自火星？女生來自金星？——二之二」一文中，我們會進一步探討幼兒的性別角色認知（gender-role concept）和性別角色的特徵。

兒童心理學發展專家通常將幼兒對於性別認知的發展，分為三個不同的階段：

1. 性別辨識（gender identity）。

2. 性別持久（gender stability）。

3. 性別不變（gender constancy）。

性別辨識

幼兒差不多在三歲以前，會進入所謂的性別辨識階段，這表示他們已能正確地說出自己的性別，並且也能看得出周圍其他人物的性別。例如，寶寶會說：「我是女生，媽媽也是女生，但是爸爸是男生。」

然而，擁有性別辨識的能力，並不代表寶寶眞正懂得兩性的意義。有趣的是，三、四歲的幼兒並不像成人一般，會根據兩性解剖器官的特徵來辨別一個人是男還是女，他們的辨識原則通常是建立在一些相關的特徵上。例如，您的寶寶也許會因為一個人穿著裙子而判定此人是女生，特定的髮型、首飾和顏色，也是寶寶用來區分男女的依據。正因為如此，他可能會對著一個頭髮削得很短的女生喊：「叔叔。」也可能會對著一個全身穿淺藍色衣服的女嬰兒喊：「弟弟。」

更加耐人尋味的是，三、四歲的幼兒可能也已接受了大人的觀念，認爲男生應該玩汽車，女生應該玩洋娃娃。然而，您也許想像不到，在寶寶的想法中，一個女孩子可以在玩卡車的時候變成男生，同樣的，一個小男孩如果玩洋娃娃，長大之後也可以變成「媽咪」。

好奇的家長們也許會問：「什麼樣的孩子在性別發展方面開始得比較早呢？」一般說來，認知能力發展得愈早也愈好的孩子，性別認知能力的發展也隨之比較成熟。

整體而言，當一個孩子的認知能力發展得相當完全的時候，他對於性別的瞭解也會開始改變。

性別持久

大多數的孩子在差不多四歲的時候，即已或多或少懂得性別的不同是一個持續發生的事實。兒童心理學專家們將四歲寶寶所瞭解的性別意義稱之爲「性別持久性」。這表示寶寶已經懂得性別不會因爲時間而改變，「男」小孩長大了就是「男」的大人，「女」小孩長大了就是「女」的大人。

然而，這一種層次的認知仍然有許多的漏洞，有些時候也可能是很「爆笑」的。例如，四歲的幼兒會深信不疑的以爲，如果一個男生穿了一條裙子，他就一定會變成一個女生。這也正是爲什麼很多四歲的孩子會在媽媽剪了一個超級短髮（很像男生）時，會生氣、驚恐並無助地哭得驚天動地。因爲在他們小小的心靈深處，是眞眞正正地以爲媽媽因爲換成一個男生的髮型，從此就變成不再是女生，也不再是媽媽了！

同樣的，一個四歲左右的小女孩會堅持不肯穿上哥哥以前穿過的舊外套，因爲她害怕穿了這件男孩子氣的外套之後，從此就會變成一個小男孩了。

您覺得寶寶這種荒謬的想法聽來幼稚、可笑嗎？的確，對於一個成人而言，這些想法簡直就是荒唐不可思議，但是別忘了，四歲寶寶所擁有的「幼稚」認知能力，本來就是十分「孩子氣」的。

性別不變

性別不變律，指的是一個人的性別不會因爲時間，也不會因爲任何不同的狀況而改變。這是每一個成長中的孩子，最終都要能發展出來的性別觀念。一般來說，從現在（四歲左右）起，到差不多七歲之前的這段時間，依個人的發展進度而定，多半是五、六歲之間，您的孩子就會瞭解什麼是性別不變律。

在兒童心理學的研究中，我們發現一項很有趣的巧合，寶寶對於性別不變律的瞭解，幾乎和他發展出質量不滅律（conservation）的觀念，是在差不多相同的時間。所謂的質量不滅律，指的是一件物體的體積、重量、數目和大小，都不會因爲存在於不同的環境而有所改變。

因此，我們可以說，一個孩子所懂得性別不變的道理，其實就是一種超越時間、超越環境的「性別不滅律」（conservation of gender）。

而一旦寶寶瞭解也接受了自己的性別「不論如何」、「永遠」都不會改變之後，他會快速地在心中產生十分嚴格的規則，自我規劃出一切適合或不適合自我性別角色的行爲。

我們會在下個月繼續爲家長們討論孩子性別角色認知和性別角色特徵的發展。雖然在兒童發展心理學的研究領域中，性別認知發展直到近來才引起較多的注意和重視，但是這確實是幼兒成長發展過程中，父母們不可不知，亦不可不觀察的一個重要部分。

想找寶寶算帳嗎？

您是否曾有胸中氣得要爆炸，一股熱血衝上腦門，很想好好「修理」寶寶一頓的經驗？還記得當時您做了些什麼嗎？現在回想起來，您後悔了嗎？

《教子有方》建議您下一次，沒錯，一定還會有下一次，當寶寶再度將您「惹毛」的時候，在您採取任何行動之前，請先將以下所列的十二件事情全部都做一遍，再決定您要如何「對付」寶寶，好嗎？

〔以下所列，經美國國家預防虐待兒童協會（National Committee for Prevention of Child Abuse）同意轉載。〕

1. 深深吸一口氣！再深深吸一口吸！

2. 對自己說：「我是大人，我××歲。他是孩子，他××歲。」

3. 閉上眼睛，想像一下您的寶寶在下一分鐘所會聽到的、所會感受到的和所會遭遇到的，會是什麼樣的情景。

4. 閉緊雙唇，在心中從一數到十，或者更好是數到二十。

5. 讓寶寶去面壁、坐冷板凳或是回到房間不准出來！（原則是，處罰時間上限的分鐘數就是寶寶的歲數，也就是說，三歲的孩子不可超過三分鐘。）

6. 在寶寶被關「禁閉」的幾分鐘時間內，快快地想一想，爲什麼您現在會這麼生氣？您是生氣寶寶嗎？還是您遷怒於寶寶？或是您只是任性地利用無辜的孩子當作您的出氣筒？

7. 打一通電話給朋友。去，現在就去撥電話。

8. 去洗一個熱水澡，到臉盆前用冷水洗個臉。

9. 走到臥房去，用力地抱住一個枕頭。

10. 打開收音機，放一些音樂，最好還能跟著哼幾句。

11. 找一張紙，一支筆，寫下您所能想得出來寶寶可愛的地方。（好好保存這張紙，以備日後不時之需！）

12. 如果有人能暫時看住寶寶一會兒，您現在就穿上鞋子，打開大門，到外面去走一圈。如果您無法立即出門，那麼您現在可以打開窗戶，面對室外，或是站在陽臺上，或是走到院子去，抬起頭，望望天，望望雲，呼吸一些新鮮的空氣。

親愛的家長們，我們建議您把以上所列的十二項對寶寶發動攻擊時必須先做好的「戰前準備」影印幾份，張貼在家中醒目的處所（例如，冰箱門上、穿衣鏡上或是在上廁所時與目光平行之處）。保證當您按照指令一一做完之後，您的心情會好一點，也會覺得舒服一點。寶寶也會！

右手好用，還是左手好用？

親愛的家長們，也許一直以來您對於寶寶是右撇子還是左撇子這件事，都是抱著一種「等待揭曉」的心情，在好奇地猜測與觀察。也許您的心中並不覺得這件事有什麼太了不得的重要，即使寶寶是左撇子，那也只是他的一個特點。

然而，您也許不知道，在左右兩手之中選擇其中之一爲重用的手，是兒童在成熟發展過程中一個十分重要的里程碑。

一般來說，每個人通常都會有一隻主力眼（dominant eye，例如，使用照像機和單眼望遠鏡時所用的那一眼）、主力手（拿東西、丟皮球、用筷子時所用的手）和主力腳（踢球、上下樓梯時先伸出來的那一隻腳）。

當主力眼、主力手和主力腳都在身體的同一側時，我們說這個人有一個主力半身（dominant side）。相對的，有些人的主力眼、手和腳分別屬於身體的兩側（例如，某人是右撇手，左撇腳），我們稱之爲交叉主力（crossed-dominance）。

交叉主力在定義上，和雙手混用（mixed-handednees）是完全不同的兩回事。雙手混用，指的是當一個孩子不論是吃飯、寫字或是扔東西，都是右手也可以、左手也可以的一種現象。換句話說，一個雙手混用的孩子還沒有發展出他的主力手，他還不是右撇子，也還不是左撇子。

從臨床研究報告中，兒童心理發展學家們得到的是兩項結論：

1. 交叉主力似乎並不影響一個孩子的學習。

2. 反之，如果一個孩子到了七歲之後仍然停留在雙手混用的階段，那麼這個孩子的閱讀能力似乎會因而受到負面的影響。

因此，我們建議家長們從現在開始起，要密切期待寶寶下定決心選擇他的主力手。並且，寶寶的主力手是右還是左，是否和主力腳、主力眼同在身體的某一側並不重要，重要的是寶寶必須擁有一隻主力手。

您目前不滿四歲的寶寶多半還沒有選定他的主力手，也很可能仍然時常雙手混用，別擔心，這是一個完全正常的成長必經過程。

在寶寶尋找主力手的過程中，父母們可以在「目前」爲寶寶做一些預備和打底的工作，以幫助寶寶「日後」下定決心選擇主力手。

以下我們所列出的即是一些爲寶寶的主力手「催生」的正確方法：

1. 首先，請您別忘了寶寶所身處的是一個以右撇子爲主的社會。並且，如果您自己是右撇子，您可能會在潛意識中希望寶寶也是右撇子。

2. 當遞東西給寶寶的時候，請隨時記得要從寶寶身體的中線部分，毫無暗示地遞給他。

假如寶寶不小心掉了一個玩具在地上，當您爲寶寶撿起玩具還給他的時候，請儘量避免想要採取捷徑的衝動，務必切實地從寶寶鼻尖以下的中央線，將玩具遞回給他。

這麼一來，當寶寶伸手出來接玩具的時候，主力手的身影就可能會漸漸地浮上檯面了。

3. 刻意地讓寶寶在每一件工作上，都有分別使用右手和左手的機會，如此，寶寶才能眞正地明白他的右手比較好用，還是左手比較好用。因此，不論是畫圖、吃飯、開燈還是搭積木，您都可鼓勵寶寶先用一隻手做一次，再用另外一隻手重新做一次。寶寶也許在剛開始的時候會顯得有些彆扭，但是只要您能溫柔地堅持，寶寶多半會欣然配合的。

4. 仔細觀察寶寶使用雙手的方式，必要的時候，您還可以如記流水帳一般，記錄下寶寶每天使用右手和使用左手的次數。經由切實的觀察，您必然不難看出寶寶主力手的蛛絲馬跡。

5. 和寶寶談談他的兩隻手。類似於「你比較喜歡哪一隻手？」、「哪一隻手感覺比較舒服？」等的問題，可以激發寶寶對於「身體左右兩側各有一隻左手和一隻右手」這個事實的體認。

切忌揠苗助長

要能成功地選出主力手，最爲重要的一點，就是寶寶必須在不受任何外力影響、催迫或壓抑之下，完全獨立地爲自己做出這個重要的決定。

主力手的抉擇，似乎操縱在某些尙無人知曉的生物因素之上，因此我們建議家長們，雖然您必須確定寶寶在七歲之前做完他選擇主力手的功課，但是愛子絕對不可操之過急而催逼過度，以免欲速則不達，造成始料未及的反效果。

翻山越嶺才過癮

三歲十個月的寶寶喜歡玩翻山越嶺的遊戲。這種遊戲不但好玩，還可以為寶寶帶來許多寶貴的學習經驗。

在翻山越嶺的玩耍過程中，寶寶必須變化自己的身體，創造出新的姿態，方能成功的完成挑戰，順利過關。「穿過去」、「橫著走」、「爬上來」、「趴下去」等，都是會令寶寶玩得大汗淋漓、欲罷不能的智慧體能雙重挑戰。

如下圖所示，家長們可以利用一些家中既有的物件，例如，一個空紙箱、洩了氣的救生圈、小型樓梯、一疊舊報紙等，動動腦筋，為寶寶設計一個有趣的「障礙路線」，讓寶寶在其中痛快地玩個過癮。

在寶寶完全熟悉既有的路線之後，家長們也可讓寶寶一起翻新和變化各種的障礙。這兒加一個小板凳，那兒添一個小紙盆，多一些爬高的裝設，少一些鑽山洞的機會，在在都可以引發寶寶的興味，開心地搭建一個可以在其中盡興「翻山越嶺」的小天地。

「障礙路線」除了是一個得以發洩精力的有趣活動之外，還可以爲寶寶帶來許多其他的好處：

1. 幫助幼兒增加大肌肉活動能力的種類。

2. 以實際的經驗促進寶寶在空間中的組織與認知能力（例如，上／下、左／右、前／後、裡／外等）。

3. 寶寶還可在遊戲中學會代表這些活動的字彙和用語。

4. 「翻山越嶺」幫助寶寶將特定的字彙與大小肌肉的活動經驗連結在一起。這些字彙會因而被寶寶完全吸收，存入記憶庫中，而在下一次遇到適當的情形時，讓寶寶靈活並且正確地加以運用。

5. 在寶寶動手加入「障礙路線」的設計過程中，可以大大激發他的想像力與三度空間中的創造力。

餐桌上的戰爭

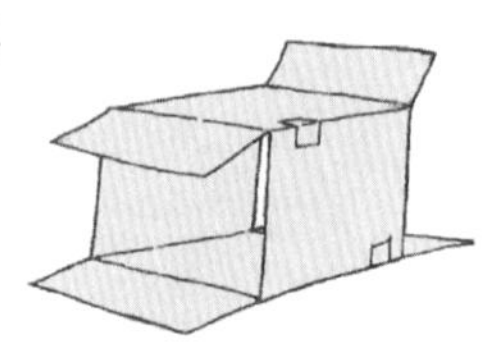

e世代的父母們在教養子女的時候，多半願意主動提供給孩子許多做選擇的機會，但是難免在孩子做了選擇之後，覺得孩子的選擇不夠好，又試圖軟硬兼施地運用各種方法來改變寶寶的決定。所導致的後果，多半是大人生氣，小孩失望、傷心、甚至於憤怒，使得一個原本美好的開端，鬧得愁雲慘霧，不歡而散。

有沒有什麼方法，可以一方面鼓勵孩子做一個最屬於他的眞正決定，另一方面又不引起親子之間的衝突呢？

這種情形在餐桌上尤其十分容易見到，例如，以下這段親子之間的對話，想必就曾經發生在每一個家庭的每一張餐桌上：

爸爸／媽媽：「中中，你要不要吃一些胡蘿蔔？」

中中：「不要！」

爸爸／媽媽：「那麼你要不要吃一些炒青菜呢？」

中中：「不要！」

爸爸／媽媽：「別再說了，你現在將盤子裡的胡蘿蔔和炒青菜全部吃光！」

親愛的家長們，這段對話聽起來熟悉嗎？您發現問題出在哪兒了嗎？沒錯，上述例子中，父母所採用的問話方式，也就是讓寶寶自己做選擇的方式，是一種注定要「全軍覆沒」的方式。

原因在於父母已先在口頭上提供給寶寶選擇「不要」的機會（「你要不要吃……」），但是又在心裡拒絕接受「不要」這個答案。基本上，這個問題在出題的方式上已經產生了一些自相矛盾之處。

我們建議家長們先將您所想要聽到的答案預想一遍，然後再根據這些答案來發問，如此，您才可以讓寶寶在某一個既定的範疇內，眞眞正正自由地做一個「他的」決定。

假如上述的父母將問題修改為：

爸爸／媽媽：「中中，你今天要吃胡蘿蔔還是炒青菜？」

在這個問題的引導之下，寶寶已無選擇「不要」的機會，他也許兩樣都不喜歡吃，但是兩相比較之下，他還是覺得炒青菜比胡蘿蔔好吃，因而回答：「好嘛！我吃炒青菜。」

如此，一場原本可能發生在餐桌上的「蔬菜」大戰，即可被有技巧的避免了。

有一些幼兒極端的挑食，他們拒絕嘗試任何陌生的食物，每天每餐都只吃少數幾樣固定的食品。同樣的，當家長們在「引進」新的食物時，也要學會如何能巧妙地讓寶寶在沒有拒絕機會的同時，還能心甘情願地吃一口。

您也許可以考慮以有趣的排放方式，或是取一個好玩的名字來激發寶寶對於這樣新鮮食物的好奇心，然後取少量的食物放在一個小盤子上，對寶寶說：「來，這一小盤是你的，先吃完，再告訴我你還要不要。」

瞧！這麼一來，寶寶所得到的訊息很清楚，他沒有妥協的餘地，他的自由選擇權是在他吃完小盤中的那一份食物之後，才可以決定「還要再一些」或是「夠了」。

親愛的家長們，對於許多挑剔的小吃客來說，這一招還頗管用的喔！

最佳導演

三歲十個月大的寶寶所擁有的想像力是超級驚人的，這是成長的過程中，人人都必須經歷的一個有趣的階段。您的寶寶在近來這一段日子裡尤其喜歡假裝扮演許多不同的角色。

身爲一位盡職的家長，您除了要努力做一位最好的觀眾，給予寶寶適時的喝采和鼓勵之外，更可以「放下身段」，運用您「尚未完全老化」的想像力，來和寶寶一唱一答地「陪他演一齣戲」。

寶寶是個小牛仔嗎？那麼廚房就是馬場囉！他今天是一位太空人？嗯，那麼媽媽爲他準備的就是「太空食物」了！是一隻小貓咪？沒問題，試試趴在地上舔舔小碟子中的水……。

您還可以更進一步，毛遂自薦做寶寶角色扮演的最佳導演。爲寶寶解釋這個角色的特質，幫他打點一些適當的服裝和道具，擬定一些簡單又貼切的臺詞，教他走幾步正確的臺步。知道嗎？寶寶會高興得不得了，非常快樂，也非常幸福地徜徉在您這位最佳導演所爲他布局的想像空間中。

提醒您別忘了要多拍些相片，多錄下一些影片，這些珍貴的紀錄，會在未來的歲月中，如好酒般爲您帶來愈陳愈濃也愈香甜的美好心情。

廚房樂趣多

中國人所說開門七件事之中，柴米油鹽醬醋茶全都是屬於廚房的。廚房在每一個家庭中都是不可缺少的部分，而源自於廚房的各種聲音、味道、視覺和觸覺效應，以及最重要的——好吃的東西，在幼小兒童的心目中，全都充滿著神妙誘人的吸引力。

事實上，廚房是一個成長中的小生命可以眞正的「工作」和「創作」的理想場所。

當寶寶在廚房裡忙東忙西，做一些好吃的東西時，他的的確確是在做事，而不是在假裝或想像。因此，我們建議家長們爲您成長中的孩子，敞開家中廚房的大門，因爲廚房裡的活動不僅會帶給寶寶許多的樂趣，更富於許多正面的教育意義。

1. 當寶寶完成了他的「傑作」時，這一次他的作品將不再只是一堆積木城堡或是一張圖畫，他的成品是「眞」的，是聞起來很香、吃起來很好吃的食物，這對於寶寶而言，是多麼大的成就啊！他可能從來也沒有覺得自己這麼棒，這麼了不起，居然可以化腐朽爲神奇，將一堆材料變成好吃的東西呀！

2. 在廚房裡做東西吃，對於寶寶而言，要比和媽媽一起讀一本書，或是和爸爸一起看電視，要更加好玩和引人著迷。做東西吃，本身就是一門在實驗中學習的藝術。在學習做食物的過程中，寶寶的肢體、大小肌肉、思想、感情、自我肯定和社交關係，都會「共襄盛舉」，因此而得到許多整合的經驗與心得。

3. 雖然您的寶寶目前還太小，還沒有辦法掌握數學的觀念，但是在做食物的過程中，他也可以吸收到許多粗淺的計算與數字的概念，爲日後的學習打下一些重要的根基。

比方說，食譜中所指示將每一種成分以不同的分量混和在一起，這其中必定會牽涉到一些容積和重量的單位，以及分數的觀念。此外，每一個步驟的先後次序，也是一種重要的數學觀念。

4. 學做食物也能帶給寶寶許多新的字彙，例如，「硬」、「軟」、「冷」、「熱」、「輕」、「濕」、「大量」、「少許」等用語，都是寶寶可以邊做邊學的有趣字彙。

5. 別小看了一間簡單的廚房，藉著在廚房裡做食物的機會，寶寶對於他所置身其中的整個世界，反而會變得更加的好奇。他會漸漸地明白，果汁原來出自於水果，而不是來自於紙盒；水餃來自於麵粉、菜和肉，而不是來自於超級市場的冷凍庫。

因此，愈是對於做食物這件事情擁有實際經驗的孩子，他在廚房中的問題也就愈多。他會問：「橘子是哪兒來的？」、「西瓜長在樹上嗎？」、「這個大湯碗是怎麼做的？」、「爲什麼牛奶是白色的？」、「爲什麼蛋糕裡要放糖？」、「爲什麼會肚子餓？」等各式各樣的問題。親愛的家長們，別以爲寶寶只是有口無心的隨便亂問，也別以爲他是在故意找麻煩，您成長中的孩子正藉著這許多的問題，試著去瞭解這整個世界。

6. 許多家長們都喜歡在過年、過節或是過生日的時候，讓寶寶參與在廚房裡製作食物的過程，藉著這些特殊的食物，寶寶可以學會許多不同的典故和歷史。只要家長們願意撥些時間，端午節包粽子、元宵節搓湯圓、過新年包水餃、中秋節吃月餅，都會是令寶寶聽得津津有味、永生難忘的好題材。

7. 最後一點，讓寶寶自己做東西吃，也是鼓勵孩子嘗試陌生食物的好方法。

親愛的家長們，我們鼓勵您，找一個週末的午後，捲起衣袖、圍上圍裙，帶著寶寶在廚房「忙和」一陣子，親子兩人合力製作一些好吃的東西，消磨一段美好時光，爲生命留下溫馨的記憶，並且激發寶寶的發展和成長。

做什麼食物好呢？包包子、揉饅頭、折豆芽、剝豆子，甚至於淘米煮飯、打雞蛋等，都是寶寶可以參與的活動。以下我們列出幾道簡易美式點心，請您不妨也帶著寶寶試著做做看。

※花生糖

材料：一杯花生醬、一杯蜂蜜、一杯牛奶。

製作方法：將上述材料全部混合均勻，讓寶寶用小手自由捏成小小的球形。置於冰箱中冷卻後，即成美式花生糖。

手指餅乾

材料：半杯煮沸的糖漿，在其中加入以下的材料：1/4杯糖、3湯匙牛油、2杯麵粉、1/2茶匙蘇打粉、鹽和薑末。

製作方法：將上述材料全部調和均勻，用桿麵杖推成一大張。讓寶寶按一個手印在麵皮上，沿邊裁成手的形狀。烤盤抹油，置於烤箱以攝氏200度烤八分鐘。冷卻後即可食用。

提醒您！

- ❖ 趕緊多多練習稱讚的藝術和批評的學問。
- ❖ 將「找寶寶算帳手則」貼在家中各處明顯的角落。
- ❖ 小心避免「餐桌上的戰爭」。
- ❖ 多帶寶寶做些好吃的食物。

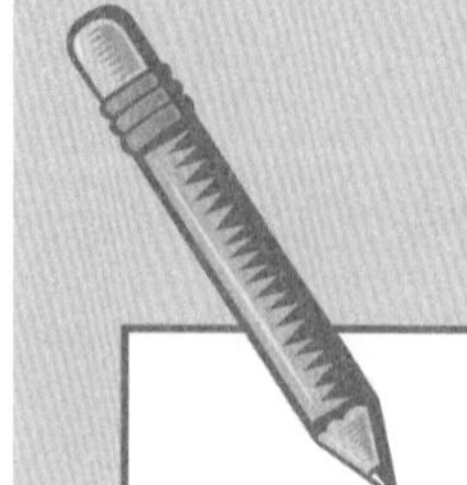

迴　響

親愛的《教子有方》：

謝謝您每個月所寄來的鼓勵和安慰。您真的已經成為我的好朋友了！

您為我帶來了有用的建議和有趣的主意，更重要的一點，您讓我知道我和孩子的表現都還算不錯。

因為有了您的幫助，我的孩子是一個很棒的幼兒。我期待在未來的歲月中，仍有您一路為我撐腰！

朱嬌蒂

美國密西根州

第十一個月

自信心催化劑

根據心理學上的定義，自信心（self-esteem）所指的是，每一個人對於自己這一個「人」的自我審查、反省、評估與衡量。自信心愈高的人，表示他們愈看重自己；相反的，自信心愈低的人，常會認為自己的能力不如人，甚至於自己這「整個人」的價值都不及他人。

猜猜看，一個人的自信心是先天已注定的？還是後天塑成的？沒錯，自信心百分之一百是經由後天的「學習」而建立的。正因為如此，父母們在孩子培養自信心的陶冶過程中所扮演的角色，是舉足輕重的重要「推手」。

幼小的兒童如何知道自己所值多少呢？是「好」？是「壞」？是「重要」？還是「渺小」？很簡單，他們會經由每日生活中都會接觸到的家人，看出自己的「斤兩」何在。父母和親人對於寶寶每一個言行舉止的反應，都是一面自信心的「鏡子」，將會鉅細無遺、毫不虛偽地讓寶寶從其中清楚地看到「他自己」。

不論是有心還是無意，父母們所帶給孩子每一個正面的訊息（例如，「我喜歡聽你唱歌的聲音」），都會為寶寶正在搭建中的自信心工程，添上一塊堅固穩重的基石。同樣的，每一個負面的訊息（例如，「你怎麼這麼笨」），也都會侵蝕寶寶心中那個「我」的形象。

童年的早期，是培養孩子一生自信心最重要的階段。許多學術研究的結果一再地讓我們知道，在入學（五歲）之前就已建立強烈自信心的學童們，上學之後多半會有比較好的成績，比較少受到老師和父母的責罰，是師長器重的對象，更是同學中受到喜愛的熱門人物。

以下我們爲家長們列出了十劑增進寶寶自信心的「催化劑」，請您務必及早使用，以免過期失效，更請別忘了在使用前務必仔細閱讀說明喔！

設下愛的圈套

多多設計一些能夠產生正面親子互動關係的活動，這些活動必須符合親子雙方都喜愛、老少皆宜的先決條件。如果是戶外，去公園散步、放風箏，甚至於全家人一起郊遊踏青，都是「極品」的選擇。如果是在家中，一起玩拼圖、一起做東西吃（詳見第十個月「廚房樂趣多」）、爲寶寶穿衣服打扮、共同布置他的臥房等活動，也都能讓寶寶感受到他是一個「特別的」、「重要的」人，因此也是增進自信心的「首選」活動。

捧紅逐漸亮眼的新星

投資大量的時間、精力與心血，必要的時候還要「不惜血本」犧牲自我，爭取以寶寶爲舞臺中心的親子互動機會。

這一劑催化劑中最重要的成分，就是親子的互動必須建立在寶寶的喜好，而不是父母的興趣之上。因此，寶寶爲主，父母是客，這種型態與氣氛必須要掌握得很好，才能夠賓主盡歡，達到提升寶寶自信心的最初目的。

父母們可以挑一個寶寶正愉快盡興地沉浸於他的小天地中的時刻，問問寶寶：「嗨！媽媽很喜歡你現在正在畫的這張圖，我可不可以坐在這裡看一

會兒？」寶寶也許會抬頭望著您，思考兩秒鐘，然後毫不在意地說：「好啊！」此時，媽媽即可再問：「那麼，有沒有什麼我可以幫忙的地方呢？」

除此而外，一個寶寶喜歡觀看的優良電視節目（例如，《芝麻街》），也可引發許多親子之間的話題和討論。父母可以問寶寶：「今天爸爸不打電腦，可以和你一起看《芝麻街》嗎？」在寶寶回答「可以」之後，您還可以再問：「我坐在你旁邊好嗎？現在演些什麼呢？……」

在現實生活中，許多父母們習慣性地在電視機前面消磨晚餐後的時間，當他們融入電視節目的人物劇情中時，對於寶寶的各種要求往往不是充耳不聞，就是乾脆命令寶寶離開現場，或是不准他出聲。不論這些家長們是否是存心的，這些明顯到三歲的孩子都不會誤解的訊息，正清楚地顯示著：電視機比寶寶更重要！

拉長耳朵用心聽

聽，用心聽，您要聽的是寶寶想說的話，而不是您想聽的，更加絕對、千萬、百分之百不可以是您所要告訴他的話。一面眞心地聽，一面以微笑、親切的目光，不時地點頭和恰當的回答如：「然後呢？」「喔！」「還有呢？」來讓寶寶知道「我在認眞地聽你說話」！

此外，用盡您的方法讓寶寶知道，您非常願意，也非常喜歡聽他說話，雖然有的時候您並不能立刻停下手邊的事來聽，但是您可以先請寶寶等一會兒，等到您有空了，請務必記得主動詢問寶寶：「剛才你說的小老虎是怎麼一回事啊？」並且務必擺出一副認眞且專心的模樣。

諸如此類「無言的」訊息（non-verbal messages），會使寶寶感覺到自己十分的重要，十分的有價値，十分的不爲人所忽視。

發揮追根究柢的好問精神

繼續不停地問：「那麼豬媽媽到哪兒去了呢？」、「小螞蟻吃飽了嗎？」讓寶寶感受到您想要深入瞭解他內心世界的誠意。

在您發問之後，別忘了要耐心等待寶寶的回答。有的時候他需要整理一下自己的想法，或是一時詞窮需要慢慢想一想，請別因爲寶寶沒有即時回答，您就立刻轉移了注意力。發揮您的愛心，耐心地守候，有始有終地向寶寶證明您的誠意和他的重要。

堅決不做「包青天」

請記得，您的任務是聆聽，而不是「判案」，您的角色是一位忠實的聽眾，而不是「包大人」。

千萬別忘了，假如一個孩子對父母所說的每一句話都會被評論、指責和修正，久而久之，這個孩子會學得聰明一些，會因爲溝通所帶來的只是不良的後果，於是決定還是選擇以不溝通爲「上上策」。

即使您的孩子眞的說出一些令您大吃一驚的話，例如：「媽媽，你下次如果不乖，我要用開水燙你！」之類的話，也請您務必要保持冷靜，先自然地接下去：「喔！那我一定要很乖，不然開水燙到會很痛！」

聰明的家長，請您千萬別像「包大人」一般，一聽到寶寶說「開水燙人」，立即當場開庭，嚴厲逼供，不但要將整件事情調查得水落石出，還趁機將寶寶管訓一番。這麼一來，不但寶寶的自信心會大受傷害，他還可能會強烈反彈，最後弄得「兩敗俱

傷」，不歡而散。

請您耐心等待一段時間之後，選擇一個恰當的時機，再若無其事地問寶寶：「你看過有人用開水燙人嗎？」、「是誰告訴你要用開水燙人的呢？」讓寶寶毫無防備地告訴您：「是隔壁小美說的。」此時的您，想必已能冷靜理智地來處理這個事件，而對於您的教導，寶寶也會比較容易聽得進去。

最重要的一點，是在這整個過程中，寶寶並沒有因為他對您說了一些眞心話而立即被「修理」，因此，他會繼續「毫不設防」地以「知無不言，言無不盡」的心態來和您說話。而您也可以繼續「不動聲色」地「挖出」寶寶心中所有的祕密。

親愛的家長們，這一劑重要的催化劑，請您千萬別遺漏了喔！

先自己照照鏡子

《教子有方》建議每一位家長都應該找個機會以錄影機，將自己對孩子說話時的神態、表情和語氣全程錄下，然後自己欣賞一下——您看起來像是母夜叉嗎？還是說話快得如放連珠炮？是心不在焉？還是滿面寒霜？

假若每一位父母都能隨時自省對寶寶說話的時機、語氣和用語，以及所帶給寶寶的強烈感受，那麼許多不該對寶寶說的話和不該對寶寶做的事，就都可以被有效地避免了。

您必須學會甜言蜜語

對您的最愛——寶貝的孩子，說出您的愛意！對於中國父母而言，這可能是比較困難的一點。《教子有方》建議您努力做到這一點，即使只是一句話，簡單如「好寶貝！」都是一個很好的開始。

不要吝嗇給予寶寶口頭上的讚美和鼓勵，這是所有本文所列的催化劑中最省時、省力、實惠又有意義的一帖心藥。現代的父母們，您千萬不可捨近求遠，將之棄而不用喔！

戴上尋找優良表現的放大鏡

不要以爲寶寶的好、寶寶的乖巧、寶寶的自動自發、寶寶的聽話，都是不費吹灰之力自然發生的。在這些良好的表現背後，必定蘊藏著寶寶的上進、努力、自我提醒和鞭策。然而很不幸的，寶寶的優良表現大多是不被重視、得不到稱讚的。尤其在這個忙碌的社會中，大多數的家長們會將注意力完全集中在孩子的缺點上。

就像一個家庭一樣，當一切整齊清潔、光亮明朗的時候，很少有人會想起持家的人不爲人知的辛勤與努力，反而是當家中骯髒混亂、令人窒息不悅時，大家才會自然而然地想起這是某人的疏失。

親愛的家長們，請利用這個機會仔細回想一下，您是否也從來不稱讚寶寶的好，但是絕對不放過他的壞？要知道，在這種情形下長大的孩子，對於自己是絕對不會「看好」的，更遑論自信心的成長了！

因此，請您就從現在這一秒鐘起，戴上尋找寶寶優良表現的放大鏡，寶寶自己收了一件玩具、安靜地讀完一本書、爸爸和媽媽說話時沒有打斷大人的談話、很快吃完一碗飯……等，都是可圈可點、值得父母們大力表揚和稱讚的「好樣兒」。事實上，父母們愈多的讚美，所帶給寶寶的就是愈多的肯定和鼓勵，也愈能有效地「引誘」寶寶重複自己的好表現。

爲寶寶製造合適的工作機會

在生活中，指派寶寶一些合適於年齡的固定工作（例如，澆花、飯前排放碗筷、每天早晨拉開自己臥房的窗簾等等），培養寶寶自動自發的責任感，也讓寶寶實際地體會一下如何做一個「重要的人」。

當然囉，快要四歲的寶寶是絕對做不了什麼大事的，您也不能對他的表現抱以過高的期望。但是，小小的一件差事，即使寶寶做得不好，您必須重做一次又有何妨呢？重要的是，孩子的自信心得以藉此而成長。

告訴您自己：「只許成功，不許失敗！」

下定決心，您一定要幫助寶寶建立強固且完整的自信心！

光是讀完這一篇文章並不夠，瞭解了其中所述的每一層道理也仍然不夠，您必須下定決心將之付諸於行動，才能眞正地幫助孩子。

《教子有方》建議您從以上九種不同的催化劑中先選擇一項，最好是對您來說最容易達成的一項，從今天就開始實行！反覆練習，天天練習，直到您已能在不經思考之下即可應用自如時，那麼您可以再挑選第二項來進行，如此持之以恆，循序漸進，家長們既可以讓自己變成更加成功的父母，又能爲寶寶未來一生自信心的發展打下良好的基礎，這種「穩賺不賠，一本萬利」的投資，請您千萬不可因爲一時的疏懶或各種忙碌的藉口，而錯失良機。

訓練小小「尖」耳朵

凡是擁有健康聽覺的人，都可以聽得到各種不同的聲音，但並不是每個人的聽覺辨識能力都是同樣的敏銳。

舉例來說，我們經常「不自覺」地聽到某些聲音——每天都會固定經過的火車、遠處高速公路上的車聲、冷氣機轉動的聲音、時鐘滴答聲等，都會令我們的大腦習以爲常，而在耳神經將這些聲音傳回大腦時，「不覺得有什麼嚴重」，造成「有聽沒有到」或「沒有聽到」的結果。

相反的，有些耳朵比較「尖」的人，他們能在一大群人都還沒有「反應過來」之前，就已率先聽到某些細微且獨特的聲音，例如，夾雜於嘈雜人聲中開水煮沸的聲音、遠處傳來的雷聲和鬧市裡遙遠的救護車警鈴聲。

超人一等的聽覺辨識能力需要專業的訓練和培養，家長們可藉著以下所述的方式，帶著寶寶邊玩邊練習，同時享受各種不同的聲音。

練習一

一開始，您和寶寶可一同坐在地板上，並且閉上眼睛。

由您先問寶寶：「你聽到了什麼嗎？」

寶寶可能毫無反應。

如果您在此時說：「我聽到了一隻小鳥的叫聲。」

寶寶可能會立刻說：「對，我也聽到了小鳥的叫聲。」不僅如此，寶寶在接下來的十分鐘內，還有可能繼續不停地說：「我聽到鳥叫聲！我聽到鳥叫聲……！」不要緊，這是因爲寶寶正在練習如何從大自然的交響樂中，將鳥叫的聲音單獨辨識出來。這種感覺會令寶寶感到新鮮、興奮，而且興起一股想要一再反覆去聽的衝動。

練習二

下一次，當您和寶寶躺在地上什麼也不做，閉上眼睛練習「尖」耳朵時，您可以在聽到窗外的車聲時問寶寶：「咦？剛才過去的是什麼樣的車聲？是摩托車嗎？是汽車嗎？還是大卡車？」

再靜靜地等待下一輛經過的車聲。

練習三

還有一種有趣也有效的練習，可以幫助寶寶學會辨識日常生活中一些熟悉的聲音。

先請寶寶用小手蒙住雙眼，然後您可以打開某一項家用的電器（例如，果汁機、抽油煙機），試試看寶寶能否正確地說出聲音的來源是何物。

這項遊戲的變化可以有許多，舉凡燒開水、打開水龍頭、沖馬桶、開關電燈、關上一道門、拉開一道抽屜、故意讓筷子掉在地上等等，這些聲音都會引發寶寶的好奇心，令寶寶認眞努力地去聽。

練習四

當寶寶已經通過上述三種不同的玩法之後，您可以再以更複雜一些的方式來挑戰他的聽力。

用手指的指節敲敲桌子、敲敲窗戶、敲敲牆壁或地板；在一個小盒子裡放一支鉛筆、一個橡皮、幾粒米或一個迴紋針，搖晃盒子發出聲音，試試寶寶是否猜得出您製造的聲音玄機。

練習五

如果您有機會帶寶寶到郊外走走，更請別忘了要停下腳步，聽聽世界的聲音：小狗汪汪、牛聲哞哞、鴿子咕咕等，都會令寶寶聽得津津有味、專心入神。

以上所列的這些活動，完全不需要任何的教材，只需要少許的時間，便可以帶給寶寶愉快的感受，更可以訓練他成長中的聽覺辨識能力，讓寶寶能靈敏並警覺地聽得到環境中各種不同的聲音。較之於整日對周遭聲音充耳不聞的生活方式，我們覺得豐富的聲音更能使寶寶的成長與學習變得多采多姿，也更加的有趣與圓滿。

四肢已發達，十指已靈活

在下個月即將滿四歲的寶寶身上，已經發生了許多「硬體結構」方面的變化，這些改變在外觀上看來也許並不是那麼的明顯，那是因爲這些變化是在過去好幾個月以來，點滴累積、逐漸轉變而成的。雖然未來寶寶仍有許多重要的發展必須完成，但是我們願意選擇在寶寶四歲生日之前，爲您將寶寶的大小肌肉發展做一個階段性的總整理。

四肢已發達

所謂的大肌肉活動能力（gross motor skills），指的是我們對於身體大型肌肉，如雙手及雙腿，所能隨意支配與運用的程度。一般說來，人類的大型肌肉較小型肌肉成熟得早。

寶寶目前的大肌肉，已成熟到足以支持他走路的時候維持一條筆直的線，他可以毫不費力地跑得很快。寶寶喜歡跳過一些小型物體，也喜歡以稀奇古怪的方式超越一些障礙物。他可以雙腳跳向前移動，也可以向匹小馬似地以跑跳步疾馳飛奔，然後毫無預警地說停就停，立刻打住！

寶寶的大肌肉也已強壯到足以支持他單腳站立時保持平衡不跌倒，他可以爬桿、吊單槓、走平衡木、鑽山洞、玩各式各樣好玩的體能遊戲。

寶寶也喜歡隨著音樂蹦蹦跳跳、搖搖擺擺、跳起一些自編的即興舞蹈。雖然他的拍子可能不準，舞姿可能不美，但是他卻是百分之百沉浸於樂聲之中，表現得十分快樂、十分開心。

噢，還有，寶寶還喜歡踩他的三輪腳踏車！

十指已靈活

小肌肉活動能力（fine motor skills）所需要的協調和互動，必須隨著身體大型肌肉的發展與成熟而逐漸進步。因此，唯有當大型肌肉活動能力已達到某種程度時，小肌肉的活動能力才會開始發展。

現在，讓我們一起來看看，寶寶目前小肌肉活動能力進展到何種階段。

首先，寶寶應該已經能夠在大人的鼓勵和適時的協助下，自己穿衣和脫衣，他可以解開前胸的鈕釦，他可以成功地拉上一條拉鍊，並且打開一條拉鍊，他也許還不會繫鞋帶，但是已可以打開「附黏式」的鞋釦。

寶寶自己吃飯也已經吃得很好了，他也許還拿不好筷子，但是已可以用手、湯匙或叉子將碗盤中的飯菜吃光光，而且不會潑撒或漏出太多的食物。寶寶可以從一個小水壺中倒一些水在杯子裡，也會用一支筷子攪拌杯中的溶物。用小刀切下一塊麵包或蛋糕，對寶寶而言仍有一些力度上的困難，但是寶寶已能用奶油刀在一片麵包上塗抹一些奶油或果醬了。

畫圖的時候，寶寶十隻靈活的手指頭對於蠟筆、鉛筆和水彩筆的掌握，都已經比過去成熟了許多。除此而外，他現在也已有辦法獨立完成由五片（或更多）散片所組成的拼圖。

寶寶現在喜歡玩一些可以將小塊拼成大塊的玩具或積木（例如樂高積木），也仍然會花很多時間用傳統的積木搭建一些有意思的建築物。

手、腦並用

當成長中的寶寶以逐漸「發達」的大、小肌肉活動能力，從事於各種不同的有趣經驗時，他小小的腦子也會因而受到大量的激發與鼓勵，產生許多正面的變化和進步。

除此而外，更重要的是，隨著大小肌肉的成熟與進展，寶寶所能辦到的事、所能完成的任務，也變得愈來愈多，愈來愈令人刮目相看。自然而然的，寶寶的自我意識和自信心也會愈來愈高漲，漸漸的，寶寶的心中也許會突然萌發出「嗯！我這麼能幹，我可以統制這個環繞在我周圍的世界」的念頭。

親愛的家長們，現在您能瞭解爲什麼適當的「生命經驗」，會帶給一個學齡前的幼兒許多深遠的影響了嗎？這也是爲什麼《教子有方》不斷地在每個月爲您介紹許多配合寶寶年齡發展的親子活動，我們的目的除了培養親子之間的交流與默契之外，更希望能適時幫助寶寶在每一個階段的發展，都能淋漓盡致，盡善盡美。

男生來自火星？女生來自水星？——二之二

延續上個月的討論，本月我們將更進一步爲家長們探討幼兒心中性別角色的認知和性別角色特徵的發展方式。

首先，讓我們先在自己的心中想一想，男孩子是不是通常都比女孩子更加富有企圖心和攻擊性？同樣的，您是否也覺得女孩子在情感方面通常會比男孩子更爲敏感，也較懂得如何安慰他人？

性別角色行爲

性別角色行爲（gender-role behavior，指的是人類許多與性別相關的行爲），有些是由男女X、Y染色體所決定的，也有些是由後天環境所造成的。

人類的男女兩性之間除了外表器官構造的差異之外，還有許多解剖上（例如，體脂肪的含量、賀爾蒙的種類及分量、骨骼的結構等）的不同，完全都是由先天遺傳基因所決定。

兩性學者專家們也發現，早在幼兒大約兩歲左右開始，男孩即比女孩更加活潑，也較會侵略他人。此外，男孩子喜歡玩汽車、搭積木，女孩子則喜歡玩洋娃娃和扮家家酒，這些差別有一部分可歸因於男孩、女孩肢體構造的不同，但是不可否認的，外在的環境及社會文化的背景，亦影響著兒童的性別角色行爲發展。

性別角色認知與特徵化

在先天遺傳和後天環境共同的影響下，每一個幼兒都必須發展出各自的性別角色認知觀念，每一個孩子也都要發展出屬於自己的性別角色特徵。以下是我們所歸納一些重要且有趣的學術研究結果：

1. 幼兒大約在三歲的時候，會開始將日常生活中所常見的一些工具器材與性別連結在一起。例如，釘槌、手電筒和各種修車的工具是屬於男生用的，果汁機、掃帚和縫衣機則屬於女生。

2. 到了五歲左右，兒童會開始將不同的性格表現與性別角色聯想在一起。好比說勇敢、有力氣、不怕羞是男生的表現，溫柔、守規矩、喜歡哭則是女生的樣子。

3. 有趣的是，在研究了超過三十多個不同國家的幼兒性別角色行爲之後，我們發現性別角色的特徵化，幾乎存在於每一種不同的社會文化中。

4. 然而，較之於未開發和半開發國家，在高度開發的國家中，兩性性別角色特徵之間的差異，則比較不是那麼的明顯。

5. 同樣的，在同一個國家中，社會階層（socioeconomic class）較低的族群，對於傳統觀念中性別角色特徵的執行（例如，男生不許哭、女生要學煮飯），也比高社會階層人士要來得更加嚴格。

6. 在美國社會中，性別角色特徵的觀念近年來已產生了不小的改變。例如，有愈來愈多的女性已加入太空國防、營造工程和連結貨車駕駛等行業，男性加入傳統女性職業（如護理和家管）的人數也大有增長。

站在教育子女的立場來衡量性別角色特徵的重要性，家長們必須瞭解，除了男孩、女孩先天的不同之外，家庭、朋友、電視、書籍等，都會影響孩子在這一方面的發展。在寶寶尚未入學的這段時間中，父母和家庭對於寶寶性別角色特徵的發展，可以產生極為深遠的影響力。

父母的影響

許多學術研究發現，父母對於幼兒性別角色的特徵具有以下的影響：

1. 父母們對於男孩和女孩的期望與標準通常不一樣。一般說來，父母們會期望兒子能夠獨立、自主、果斷有作為，也會期望女兒乖巧溫柔、細心體貼、善解人意。

2. 父親多半比較喜歡帶著兒子，而不是女兒，玩一些追趕跑跳碰之類的遊戲。

3. 父親對於兒子玩洋娃娃會比較緊張，對於女兒變成野丫頭則比較沒什麼意見。

4. 母親和子女相處時，通常比較不會計較有關於性別角色的活動。

5. 不論是兒子或是女兒，母親也多半是關懷照顧他們身體與心靈最重要的人物。

玩具的影響

不可避免的，玩具在e世代兒童的生命中占有著很大的分量。兒童發展專家們一致認爲，以性別來爲孩子選擇玩具是一件極不妥當的事。也就是說，家長們沒有必要、也不應該刻意爲男孩子買小汽車，爲女孩子買洋娃娃。相反的，學者專家們建議在兒童入學之前，應該儘量多些機會接觸到各式各樣不同層面與不同性質的玩具，以製造寬廣多樣化的行爲經驗和感情經驗。

如此，當女孩子在玩小汽車、卡車和釘槌的時候，她們會大受鼓勵地變得較有自信，較爲堅定；同樣的，送給小男孩一個洋娃娃或布狗熊，也會讓他有機會能夠發揮愛心、同情心，並且學習如何照顧弱小。

同伴的影響

在幼兒發展性別角色的過程中，同伴們也會產生相當程度的影響。早在只有三歲的時候，幼兒們即會表現出「同性相吸，異性相斥」的玩耍模式。直到孩子入學的年齡之前（大約五、六歲），他的玩伴大多是清一色的同性朋友，這些小小的玩伴們也會彼此施加性別角色特徵的不成文規定，互相影響個人性別角色認知的發展。

如果家長們曾經留心觀察，您一定見過一個玩洋娃娃的男孩子，或是愛哭（像女生）的男孩子被他的同伴們排擠在一旁，甚至於變成大家嘲笑的目標。

電視機的影響

電視機在幼小兒童生命中所能產生的影響力，想必是每一位家長都早已心知肚明且不敢忽視的。除了少數的例外，電視節目，尤其是廣告的內容，都是極其強調性別角色的明顯特徵。例如，祕書一定是小姐，警察一定是男士，諸如此類的性別角色活動，必然會在孩童幼小的心目中留下深刻的印象。

兒童讀物的影響

近年來隨著兒童讀物愈來愈暢銷，這些童書的內容對於兒童的性別角色特徵的發展，也產生了強而有力的影響。許多細心的教育家和出版社，都已經開始正視童書中所隱藏的性別角色訊息。從傳統的花木蘭、白雪公主，到現代的小美人魚，其中所暗示的性別意味，已經成爲心理學家們不斷討論的熱門話題。

家長們在爲寶寶選擇兒童讀物時，請務必將性別角色特徵這個因素，添加在衡量是否適合的條件內。

總而言之，學齡前兒童的性別角色特徵發展過程是一個十分複雜的課題。不僅如此，等到孩子上學以及進入青春期之後，這個課題還會變得更加難以捉摸。再加上社會對於性別角色認知觀念不斷的改變，許多家長們紛紛大呼吃不消，經常徘徊在「棄甲投降」的邊緣，不知該如何是好！

每一個新的時代，都會選擇性地淘汰一些「落伍的」、「過時的」和「老掉牙」的舊觀念，這種世代交替的消長模式，在性別角色特徵觀念上尤其顯得突出。想想看，中國人過去「男女授受不親」、「媒妁之言」、「三妻四妾」和「女子無才便是德」的觀念，對於成長在二十一世紀的新新人類而言，是多麼的不合邏輯、無法理解啊！

同樣的，又有多少「老古板」的父母們無法接受「新潮的」、「現在流行的」男女角色行為與互動呢？

每一個家庭對於這個課題所切入的角度都不盡相同，一般說來，對於自我性別角色的認同心較強，對於社會性別角色觀念的改變較為敏感的父母們，會是成長中兒童發展性別自我意識，以及性別角色特徵化過程中最佳的榜樣和模仿對象。親愛的家長們，在這個您不得不重視的教育議題上，請別忘了古人所言「上行下效」這句至理名言喔！

無言的傾訴

幼小的兒童雖然口中不說，但是他們所懂得的事，的的確確要比一般大人所認為的多出許多。父母們需要學會解讀、聆聽，並且感受寶寶利用無言的傾訴所透露的心事與情感。一個不經意的眼神、手式、動作、語氣和肢體語言，都是有心的父母們藉以敲開寶寶心門的重要提示，這些提示有時雖然十分細微，但卻是毫無保留、明顯易懂的。

舉個例子來說，小莉正在聚精會神地畫畫，媽媽突然走過來問她：「這畫的是什麼？」這個問題問得十分無辜、毫無心機與惡意，媽媽其實是一番好意，一方面向小莉搭訕示好，一方面也含有鼓勵的意味。

沒想到小莉不發一語，突然間甩開畫筆，撕破畫紙，將整張畫作揉成一團扔進字紙簍中，並且飛快地跑到另外一個房裡去了。

小莉的這些無言的傾訴，正大聲地告訴媽媽，她心裡不高興了！

由以上這個例子我們可以看出，無言的傾訴是一種多麼重要的溝通方式。根據社交心理學專家的估計，在每一次人與人之間的對話交談中，眞正的話語大約只傳遞了35%的溝通內容，另外65%的心意與想法，則都是透過無言傾訴的管道來使對方瞭解。

想想看，即使完全聽不懂某人所使用的語言，我們仍然可以從此人說話時的聲調、緩急和音量，猜出發言者當時的心情如何。很簡單，當聲音的頻率很高、音量很大、速度也很快的時候，此人多半不是生氣，就是很興奮；反之，低頻率、小聲慢慢的說話，也多半代表著此人心中正在憂愁與傷痛。

父母的無言傾訴

對於來自於身旁親人們無言的傾訴，幼小兒童的接收能力是出乎異常的敏銳與仔細。即使在大人尙未說出隻字片語之前，這個孩子可能已經根據各種無言的傾訴，預先知道了大人所想說的話。而在大人開始說話之後，孩子不僅會用心地聽著每一個字，他對於大人的語調及肢體表現也是毫不放鬆的。

正因爲幼兒語言字彙的發展尙不如大人般成熟，他們在與人溝通時，也會比較仰賴無言傾訴的管道。

一般說來，無言的傾訴可以在人與人之間的溝通過程中負起以下三項任務：

1. 無言的傾訴可以補強言語所達不到的效果。例如，一個人可以邊說「太好笑了！」，一邊還捧著肚子大聲地笑。

2. 無言的傾訴有時反而會和口中所說出的話，代表著兩種完全不同的意思。例如，一位父親可能會拍著桌子大聲吼叫：「我沒有生氣，我只是……」當這種情形發生的時候，無言的傾訴所透露出的多半是「實話」。

3. 無言的傾訴有時可以取代言語，達到「此時無聲勝有聲」的溝通境界。例如在旁人面前，媽媽和寶寶會心的一笑，彼此給予對方一個擁抱或親吻，正是表達了「無法言喻」的最深心意。

近年來，幼教專家們已愈來愈重視無言的傾訴在親子關係的維持與互動上所扮演的角色。《教子有方》衷心建議讀者們能夠努力學會睜大雙眼，拉長雙耳，打開心眼，細心地「冷眼旁觀」，從寶寶無聲的傾訴中，隨時掌握孩子「心的動向」。

當然囉，父母們也必須處處留神自己在無聲之中，對寶寶所吐露的心聲。

如此一來，親子之間的溝通與互動必定會更加的暢通無阻，對於增進親子之間的親密關係，這可是屢試不爽的好方法。

您是否「教子有方」？

《教子有方》的讀者想必早已明瞭本書的內容多在強調：正面的親子關係從孩子出生到入學這段時期的重要性。近來，許多學術研究的結果不僅證實了我們的看法，更發現生命早期正面的親子關係，甚至會影響到孩子入學之後的許多表現。

新好爸爸

一項研究父子關係的報告指出，學齡前幼兒的「好爸爸」多具有以下的特色：

1. 固定抽出時間與孩子共享「特別的」時光。

2. 參加孩子的玩耍，並且對於孩子的活動表現出真誠的關切和興趣。

3. 聽孩子說話，和孩子聊天，並且切實回答孩子所提出的問題。

4. 如果幼兒已開始上幼兒園，新好爸爸會經常和老師保持聯絡，對孩子的學習和進度表現得有興趣，並且積極參與校方所舉辦的各種活動。

新好媽媽

曾有學者長期追蹤一群母親，結果發現學齡前的母子關係和母親的表現，與孩子日後上小學時的課業表現，有著直接的關係。學者們發現，有幾項母親在孩子學齡前的行爲特徵，可以準確地預測並保證孩子在上小學時課業方面的成功。這些行爲特徵包括：

1. 一份親愛溫暖的母子關係。

2. 有效的雙向溝通。

3. 對於孩子的表現抱著正面和實際（不過高也不過低）的期望。

4. 家中採用的「家規」是以道理爲依歸，而不是以權威爲依歸。

除此而外，許多研究報告也一再指出，父母雙方共同的參與和投入，才是孩子學習與成長最大的致勝因素。

以上這些學術研究報告與《教子有方》的出版宗旨不謀而合，我們深信家長們在孩子生命早期所投資的時間與心力，最能事半功倍地爲孩子未來長遠的一生打下良好的根基，也最能穩固地塑造許多孩子日後所需的成功特質。同樣的，肇因於生命早期的缺失與錯誤，亦會根深柢固、難以改變地牽絆著孩子的一生。

《教子有方》將秉持著一貫的作風，幫助家長們正確解讀自己的孩子，以恰當的指引與回應，將深切的愛心與期望，有效地轉化為推動孩子成功邁向人生里程中最雄厚的資源。如此，每一位《教子有方》的讀者亦可自豪地知道，「對於教養子女，我可是有一套的！」

提醒您！

- ❖ 多多利用增加寶寶自信心的十帖催化劑。
- ❖ 仔細聆聽寶寶無言的傾訴。
- ❖ 做一位《教子有方》的好家長。

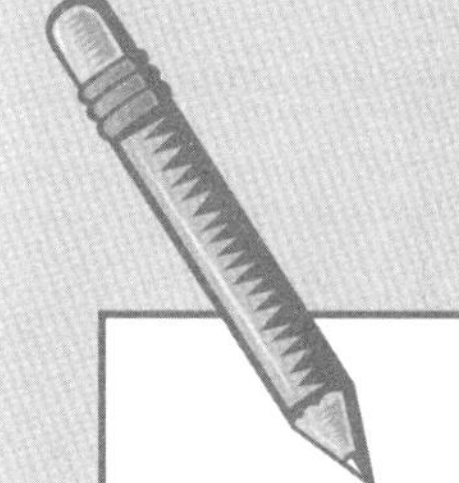

迴　響

親愛的《教子有方》：

謝謝您每個月所帶來如燈塔般的指引和安慰，您真的是我最忠實的好朋友和好幫手！

您給了我實際的建議、有趣的點子和最重要的一點——我是一個好媽媽的自信！

有了您的幫助，我的寶寶已長成一位超極棒的小孩。在未來的道路上，我仍然選擇您與我相伴。

謝謝您！

張秋笛

美國密西根州

第十二個月

初生之犢不畏虎

恭喜您，寶寶四歲了！

展開在四歲小生命之前的，是一個嶄新有勁的發展階段，不僅孩子會因此而雀躍不已，連父母也會因爲感染了這份喜悅而時時心神歡愉，難以自已。

以下讓我們先爲四歲寶寶身體思想的發展做一個總整理。

視覺與肌肉協調能力

因爲有了較佳的視覺與大小肌肉的協調能力（visual-motor coordination skills），寶寶明顯的已經能夠自己處理許多生活起居上的細節。穿衣服、脫衣服、刷牙、吃飯、收拾玩具、甚至於整理內務，對寶寶來說都已是駕輕就熟，不算難事。

在繪畫、手工、美勞方面，您也必能看到寶寶近來所展現出的顯著進步。

然而，我們不得不慎重提醒家長們的一點是，在目前這個階段，寶寶的活動能力會大大的增加，他模仿大人，渴望獨立的心情也會隨之強烈的高漲。此時，寶寶的心智尚未完全成熟，作出正確決定的能力也未臻完善，因此，寶寶往往會眼高手低地試著去做一些自己的能力還完成不了的事。

例如，寶寶可能會突然有一天非常堅決地對媽媽說：「我要自己洗頭髮！」不論媽媽如

何勸阻與解釋，他心意已決，絲毫不爲所動。寶寶也可能會執意地自己拿起剪刀剪指甲、端一碗熱湯、爬上高椅子去關桌上的檯燈。這種種的舉動，都會令父母們在一旁看得心驚肉跳，爲寶寶捏把冷汗。

建議家長們，要隨時隨地注意寶寶的一舉一動，苦口婆心地勸告寶寶，以避免不幸意外事件的發生。

人際關係

在與人交往方面，四歲寶寶對於其他的玩伴們多半十分的熱情與友善，他開朗、好客、活潑外向。然而，寶寶有的時候也會因爲太過於自信，反而表現出「喜歡稱王」的態勢，爲了要使玩伴們對他另眼相看，寶寶也常常會不自覺地吹牛、說大話、甚至於故意地炫耀，訴說自己是多麼的不同凡響，多麼的棒。

有趣的是，幾分鐘後，寶寶的自信心可能會莫名其妙地突然瓦解，此時他會像是一個小嬰兒般嗚咽地哭得很傷心，他會需要父母的呵護與擁抱來趕走心中的害怕，並且需要重建內心的安全感。

此外，四歲的寶寶在和同伴們玩耍的時候，對於「產物所有權」（property rights）的瞭解，可能是相當的混淆不清，因此，他會做出一些令人「噴飯」的「無理」行爲。

例如，寶寶會「理所當然」地認爲王家小弟放在地上不玩的小卡車，只要他走過去拾起來玩，那麼這輛小卡車就是屬於他的了。妙的是，四歲的寶寶對於這一層的認知，居然是採取「反之不亦然」的霸道手段。也就是說，對於他自己暫時不玩的玩具，只要有其他的孩子稍微靠近或是伸手碰觸，寶寶就會立刻疾言厲色地「誓死保衛」「他的」玩具。

有趣嗎？事實上，寶寶這些不按牌理出牌的社交方式，正是他利用不同的行爲舉止來探測人際關係的一種表現，他要知道每一條不成文的規則之極限何在，他也要親自捉摸出那些父母口中的「繁文縟節」到底所爲何來，如此，寶寶才可眞正學會如何恰當地拿捏自己的行爲分寸，中規中矩地與人交往。

曙光初現的道德感

四歲寶寶的道德感，也就是眾人公認的是、非、對、錯，正處於起步萌芽的階段。他對於自己的行爲似乎已有了一些「自知之明」，但是對於「好」與「壞」之間的差別，則只能做出最最粗淺的分辨。

說穿了，四歲寶寶的道德觀與正義感，完全是「唯馬首是瞻」，聽從權威人士的「旨意」行事。這些權威人士全都是寶寶生命中的重要人物，尤其是父母，寶寶會「全憑他們的臉色」來決定一件事情的好與壞。如果媽媽開心微笑地點點頭，那麼寶寶所做的一定是一件好事；反之，如果爸爸雙眉深鎖命令寶寶去罰站，寶寶必然會心虛地認定自己做錯了。

總而言之，寶寶的道德觀仍然處於「見風轉舵」，純粹由外在環境所主導的階段，距離發自於內心「俯仰不愧於天地」的層次，還存在著一大段的差距。

因此，父母們在處理寶寶的行爲問題時，請務必秉公客觀地處理，並且小心不要將寶寶的「壞行爲」誤判爲寶寶是個「壞孩子」。請記住，在幫助寶寶培養正確道德觀的過程中，父母們唯有抱著「要怎麼收穫，先怎麼栽」的心態，才能「種瓜得瓜，種豆得豆」地回收一位人品高尚、富於正義感、胸懷道德的好孩子。

兩性觀念

假如您四歲的寶寶近來對於兩性話題十分感興趣，別擔心，這是一種完全健康與自然的好奇心和求知慾。他可能會問：「肚臍眼是做什麼用的？」、「小嬰兒是從哪兒生出來的？」、「爲什麼我是女生？」等等的問題。

不僅如此，寶寶在問問題的時候，會像是問任何其他的問題一般，採取的是開門見山、毫不避諱的方式，聽在父母的耳裡，尤其是當時如果有外人在場，很容易窘態百出、不知如何是好。《教子有方》建議家長們大方地「直來直往」，就像是回答任何其他的問題一般，直截了當地將答案以寶寶能夠瞭解的方式，簡明扼要地說明清楚。

學海無涯

四歲的寶寶也喜歡有人和他談天說地，念書給他聽，說故事給他聽，爲他解釋一切他所不明白的規則和道理。四歲的寶寶更是不停地在學習與吸收新的知識，阿拉伯數字、方塊字、ABC、ㄅㄆㄇ，時鐘指的是幾點鐘？今天是星期幾？春夏秋冬？

寶寶爲了滿足旺盛的求知慾，不停地東問西問，「這是什麼？」、「爲什麼？」、「怎麼會這樣呢？」、「他是誰？」……問得父母親難以招架。

親愛的家長們，不論您再忙、再累，也請千萬不要嫌寶寶煩，畢竟，您四歲的寶寶正忙碌上進地想要學會「人生」這一門高深的學問。

學習進度表（四歲）

（請在此表空格處打勾或記下日期，為寶寶四年來的成長做個總整理）

社交與情感

____自己用叉子和湯匙吃飯。
____自己穿衣脫衣（不包括繫鞋帶、背後的鈕子、某些特殊的絆鈕和拉鍊）。
____喜歡有其他的孩童一起作伴。
____懂得「輪流」是什麼意思。

與人溝通

____喜歡聽故事和簡單的笑話。
____說話十分清晰易懂，只有偶爾少數幾個字說得不清楚。
____對人回答自己的姓名、地址和年齡。
____背誦0、1、2、3……到20。
____會唱十二首通俗的兒歌。
____問「為什麼？」、「這是什麼？」、「那是誰？」、「什麼時候？」、「怎麼會這樣呢？」之類的問題。

精確的舉止

____用一條鞋帶串大珠子。
____搭一個超過十層的積木塔。
____握住蠟筆和用蠟筆畫出滿不錯的圖畫。
____看著範例描出一個「○」（圓圈）、一個「十」（十字）和一個「✓」（打勾）。
____畫一幢房子。

整體的動作

____用手碰觸腳趾，但是膝蓋保持不彎曲。
____單腳站立，每一邊大約八秒鐘之久。
____單腳向前跳，每一次可連跳三步。
____技巧地在一道寬約二十公分的直線上走路但不出軌。
____跑步時腳跟離地，以腳尖為著力點。
____在公園的遊戲區中，寶寶可以爬高、溜滑梯和盪秋千。

上表僅供參考用。每一位幼兒發展的速度與方向都不一樣，他們在每一項成長課目上所花的時間也不盡相同。此表中所列出的項目，代表著四歲大的幼兒所有「可能」達到的程度。一般說來，大多數健康且正常的嬰兒會在某幾個項目中表現得特別超前，但也會在其他的一些項目中，進展得比「平均值」稍微緩慢一點。

指引迷津

親愛的家長們，您是否常常會有：「寶寶小小的腦袋瓜子裡，不知道到底在想些什麼古里古怪的主意」的念頭？的確，四歲幼兒自有一套屬於他們自己的想法，這一套想法的邏輯與成人大不相同，並且不盡正確，但卻是寶寶藉以瞭解整個世界的試金石。這就是爲什麼我們經常會以「想法天眞」來形容兒童的思維方式。

天眞的想法

舉個例子來說，一件升入天空中的物體，不論是一顆氣球、一只風箏或是一架飛機，成人們可以根據過去的「經驗」，「自然而然」地「想起」必然有一道外力正在「推動」或「拉動」這件物體（氣球內的氦氣、吹起風箏的風和飛機引擎的推進器），使之冉冉升入雲霄。

相反的，在一位學齡前幼兒的腦海中，以上這套邏輯因爲缺乏「既存的經驗」，甚至於可以說是毫無經驗，會使寶寶以他「簡單的頭腦」，爲所看到的景象尋求一個似乎十分合理的解釋。寶寶知道當他「想要」去某一個地方的時候，他可以

「移動」雙腳，因而「移動」身體，眞正地「去到」他的目的地，他的結論是：「想去」是「移動身體」的動力。同理可推，一個「移動」中的氣球必有一個「想去」的念頭在推動著，而這個「想去」的念頭則必定來自於氣球本身。因此，對於一個四歲的幼兒來說，一個飄在天空中的氣球是一個有思想能力的生命體，這層道理是十分直截了當、明白清楚，並且不可能有錯。

有趣吧！其實即使是成人，也仍然會不時地進入這種「不明究裡」的錯誤思考路線中。

在自動提款機剛推出不久時，一位從未曾使用過電腦的家庭主婦經人告知：「一點都不難，提款機自會告訴你該怎麼做。」結果這位婦人在機器面前呆立了三十分鐘後無功而返，還在心中自忖：「提款機不是會『告訴』我嗎？怎麼等了這麼久還不說話呢？」

新式音樂磁碟上市時，也有人誤將汽車上按鈕即彈出的磁碟架當作是放水杯的架子。

在這些既眞實又有趣的小例子中，我們不難揣摩出四歲寶寶目前正試著以他稚嫩的人生經驗，來解釋所身處新鮮又陌生的成人世界，是一件多麼不容易的事啊！

去蕪存菁，整合新知

以上我們所闡述的「天眞想法」，會一直存留在腦海中，直到某年、某月、某日，突然間這套想法觸了礁，不再管用了爲止。等到了那個時候，不論是大人還是幼兒，都必須自動地修正這套想法，這些修正有時是一百八十度大轉變，有時則是些微的修改，目的在於提出一套新的「比較不天眞的想法」，以能適用於過去的經驗和眼前所發生新的挑戰。經由這種思想汰舊換新、不斷整合的過程，人生的經驗得以層層累積，生命的智慧也能登峰造極。

就以寶寶學習將物體裝入容器的過程來說，最開始的時候，他會在腦海中作出「物體可以通過開口進入容器中」的結論，直到寶寶拿起一件尺寸太大的物體，在他屢次嘗試失敗之後，他會將先前的結論修改爲：「除了一些『尺寸太大』的物體之外，其他的東西都可以通過開口進入容器中」（詳見《成功的關鍵就從1歲開始》「變化萬千的學習」）。

等到寶寶再長大一些，再累積更多的經驗之後，他會將這個結論更進一步改變爲：「一件物體如果要通過開口進入容器中，不僅尺寸要小於開口，形狀也必須和開口相同。」（詳見《成功的關鍵就從1歲開始》「趣味無窮的容器世界」）

漸漸的，寶寶腦中對於物體與容器之間相對關係的想法就會愈來愈「不天眞」，愈來愈成熟，愈來愈「和大人一樣」了。

爲孩子提供思想的路障

根據上文的結論，一個既有的想法唯有在失效的時候才會被主動修正，才會變得更加完善。因此，父母們要能夠幫助孩子思想快速成熟，最好的方法就是適當地爲他架設路障，讓他知道如此思考此路將不通，促使寶寶自動地省察腦中的「天眞想法」，調整既有的「理論」，轉化爲一層全新的認知。

以下我們爲您列出兩種常見的人工思想路障：

1. 家長們可以主動出擊，將日常生活中一些明顯互相矛盾或是「怎麼會這樣？」的疑點提出，讓寶寶思考一番。

例如，您可以問寶寶：「爲什麼動物不穿衣服，人要穿衣服呢？」先讓寶寶皺一皺眉頭，想一想，隨便猜幾個答案，然後再以引導的方式，在討論中讓寶寶明白「動物的皮毛已有衣服的保暖及保護功用」，這麼一來，原本互相矛盾的事實，即可豁然開朗地合理化了。

2. 當寶寶提出「爲什麼？」的問題時，藉著回答勾起寶寶更加複雜的思考。

例如，當寶寶問「爲什麼飛機可以飛在天上？」時，家長們可以反問：「嗯！你覺得飛機的翅膀會像小鳥一般上下揮動嗎？」這種回答的方式會強化「可疑之處」，使寶寶不得不靜默下來思考一陣子。然後，您可以在交談討論中「不經意」地讓寶寶明瞭：「小鳥拍撲翅膀藉以在空氣中推進自己的身體，飛機則是靠隆隆作響的引擎推動機身在空氣中行進，所以，飛機不需要揮舞雙翅即可在空中飛翔。」

寶寶會沉默一陣子以「消化」並「吸收」這層新知，等到他完全「融會貫通」之後，通常他會再提出更進一步的問題，例如：「那麼飛機要不要吃東西呢？」家長們當然不必試著對寶寶講述整套航空力學的理論，只要簡明扼要地回答：「飛機需要補充汽油，就像小鳥要吃東西一般。」寶寶即會十分滿意了。

整體而言，爲了要使寶寶的思維更加成熟，思路更爲寬廣豐富，他必須擁有變化萬千的生命經驗，這些經驗在眼前看來會是阻礙，但是寶寶唯有藉此才能更上一層樓，多懂一些事，早日脫離「天眞的想法」。親愛的家長們，《教子有方》鼓勵您責無旁貸地擔下這項重要的任務，別忘了要隨時隨地爲寶寶指引心智思想的迷津喔！

一窺寶寶眼中的世界

正在考慮爲寶寶買一件四歲的生日禮物嗎？一個簡單的、使用後即可扔掉的照像機，再加上一捲底片，價格並不昂貴，但卻可以提供寶寶一個「捕捉」世界的機會，也可以讓父母藉著寶寶所拍出來的相片，得知寶寶所

「擷取」的世界究竟為何？

親愛的家長們，當相片沖洗出來時，您會看到許多「好笑」和「無聊」的相片。例如，屋角的小桌子、寶寶自己的一雙小腳，或是爸爸安全帽上的反光貼紙。此外，寶寶也喜歡拍下某人的背影，或是爸爸那雙睜得大大的眼睛、一塊石頭、公車站牌、媽媽的菜刀、地毯等等，都是會令寶寶「拍」得不亦樂乎的「偉大場景」。

家長們在拭目以待的同時，請別忘了要為寶寶將他的「大作」整理保存於相簿中，為這一階段溫馨的成長，留下一些美好、有趣的紀錄。

非禮勿摸？

每一個孩子都會爬、會走、會摸摸自己的鼻子、會拍拍自己的大腿，也會唱一些不成章法的歌，這些都是成長中的兒童正常的表現和舉動。同樣的，健康的幼兒也會在自我認知的過程中，很自然的用手去摸摸自己的生殖器官，並且能在觸摸當中得到一些愉快的感覺，因為這是一種不錯的經驗，幼兒也會不自覺地產生還想要再觸摸的念頭。

身為家長的您，該如何處理這個問題呢？很簡單，也很重要，您要保持冷靜的心情，以平穩的語調，言之有物地以就事論事的口吻對寶寶說：「嗯！寶寶你在玩自己的××！」然後，儘可能地表現出您已不再注意到這件事的態度，不再看他在做什麼，也不再提出任何有關於這件事的話題。

然而，當以下兩種情形發生的時候，父母就必須「插手」了：

1. 假如寶寶開始會在大庭廣眾之下觸摸自己的生殖器官，不論是在幼兒園、圖書館或是市場，這種行爲都是必須被中止的，否則，寶寶便有可能淪爲被他人嘲弄與恥笑的目標。

父母們可以使用毫不大驚小怪，但是絕無妥協餘地的方式，就像是告訴寶寶「不可以在街上亂跑」、「不可以打人」一般地，告訴寶寶：「不可以在有外人在場的時候，摸自己的生殖器官！」

2. 當幼兒過分地沉浸於刺激生殖器官所得到的快樂時，家長們也必須即時正視這個問題。此處所謂「過分地沉浸」，指的是當寶寶觸摸生殖器官的習慣已經影響到他的正常作息，或是他寧願爲了「自慰」而放棄其他好玩的事。

此時，家長們必須立即著手進行最重要的事，不是強力鎭壓禁止，而是快快地找出是什麼原因導致寶寶如此的行爲。

寶寶也許是因爲獨處的時間過長，而不得不自己製造一些身心雙方面的喜樂，寶寶也許會利用觸摸生殖器官來排遣心中所受到的傷害，或是孤寂的情緒，甚至於寶寶會故意做出這些大人不喜歡的舉動，來表達心中的不滿與憤怒。

不論寶寶的原因爲何，家長們都必須記住，「自慰」不會傷害寶寶的身心，反倒是潛在的原因會更加具有殺傷力。

假若家長們以嚴厲的處罰方式，成功地阻止了寶寶觸摸生殖器官的「毛病」，而沒有解決眞正的問題，那麼寶寶若不是會「偷偷摸摸」地在父母看不到的時候「故態復萌」，就是會利用其他的方式來宣洩胸中緊繃的情緒。

而當寶寶從「光明正大」轉爲「偷偷摸摸」時，他心中會添加一層「罪惡」的陰影，這種對於自我身心雙方面的負面情緒，將會嚴重地傷害寶寶的自尊、自重及自我認知。

親愛的家長們，在這項您千萬不可掉以輕心的幼教科目上，建議您務必要把握住以下所列的三大原則，帶領寶寶成功地「過關」：

1. 容許孩子擁有屬於個人的私密空間。
2. 讓孩子選擇自己的生活方式。
3. 在孩子需要的時候，大方不保留地提供您的愛與指引。

看顏色打電話

以下我們要為家長們介紹一項既好玩又實用，更可增進寶寶心智成長的親子活動。

目的：訓練幼兒顏色配對的能力，並且學會打電話。

教材：

1. 將十張不同顏色的單色圓形或方形貼紙，貼在家中最大型的電話按鍵或轉盤上。若是無法找到十種不同顏色的貼紙，您也可以利用十支不同顏色的彩色筆和白色貼紙自行著色製作（詳見右下圖示）。

2. 利用一本空白的筆記本製作寶寶專用的色碼電話簿。將寶寶所熟悉的親人相片，一頁一張地貼在寶寶的電話簿中。請注意，因為這個活動的目的是在鼓勵寶寶依照色碼打電話，因此所列入電話簿中的親友，必須不會介意接到寶寶打去的電話。爸爸、媽媽的手機，爺爺奶奶家，寶寶的保母家，都是不錯的人選。此外，您也可以拍一張自家的相片，貼在寶寶的電話簿中，讓寶寶明白這是「家」的電話號碼。

紅 1	白 2	綠 3
藍 4	橘 5	棕 6
黃 7	紫 8	黑 9
	粉紅 0	

3. 製作色碼。家長們可以採用和電話機上同樣的標色方式，在寶寶的電話簿中每一張相片的兩旁或是上、下方，整齊一致地將此人的電話色碼逐一註明。例如，爸爸辦公室的電話號碼是7654321，那麼您就必須利用彩色貼紙或色筆逐一標出黃色－棕色－橘色－藍色－綠色－白色－紅色（詳見右圖示）。

4. 顏色排列的方式或是由左往右，或是由右往左，或是由上而下，只要統一即可。如果願意的話，家長們還可在開始的地方加上一個特殊的記號（如一個小小的箭頭、一顆小星星或是一個笑臉），幫助寶寶記得電話色碼的閱讀方向。

基本玩法：找一個恰當的時機，或是事先已和親友約好的時間，問問寶寶：「我們打電話給媽媽，告訴她寶寶很愛她，好嗎？」然後，讓寶寶自己取出他的專用色碼電話簿，從電話簿中找到貼有媽媽相片的那一頁。此時，家長可以從旁協助，用手指著箭頭（或是其他的記號）旁的第一個色碼，讓寶寶一手拿著電話聽筒，另一隻手可以尋找電話主機上的顏色按鍵，如此逐一將所有的色碼按完（或撥完）。

告訴寶寶：「耐心等一等，聽聽看，媽媽有沒有來接電話啊？」

您將會發現四歲的寶寶在「從事」這項「了不起」的活動時，除了非常滿意自己可以和大人一般「神妙」地打電話，他還會顯得非常沉醉於比對顏色的腦力激盪中。當然囉，能夠在電話中和心愛的親友說幾句話，並且驕傲地宣布：「是我自己撥的電話喔！」更會使得寶寶樂不可支，開心得不得了。

變化玩法：

1. 家長們也可以為電話簿相片中的人物加上註解。例如，「媽媽」、「爸爸」、「公公」、「姑姑」等字樣，讓寶寶在不知不覺中習慣性地將這些「字樣字形」和相片中的親人聯想在一起。久而久之，當家長們「故意不小心」遺失了寶寶色碼電話簿中的某一張相片時，寶寶也能憑著各個方塊字而找出他所需要的號碼。

2. 寶寶也可以試著學習動手製作電話色碼。此時，家長們可以將各種顏色的色筆或貼紙放在寶寶面前，然後將色碼逐一大聲念出，讓寶寶依序在電話簿中將全套色碼完成。

這一項有趣的親子遊戲，最開始的時候是專為無法閱讀文字和數字的心智殘障人士所設計的電話使用方式，但是我們認為將之運用在學前兒童的心智教育上，也可以達到多重的優良效果。親愛的家長們，別忘了抽出時間，多多和寶寶玩這個「看顏色打電話」的熱線遊戲喔！

訓練寶寶「一點就通」的頭腦

想必家長們亦有相同的經驗，在您所接觸的各式人物中，有些人給人的感覺是聰明伶俐、頭腦敏銳、一點就通，而有些人則是呆板木訥、反應遲鈍、與之談話總有「說不通」的困難。

您知道嗎？一個人的頭腦是否靈活，反應是否迅捷，雖然與先天遺傳素質有關，後天的激發與訓練也是不可或缺的重要條件。

以下我們為您介紹三種有趣好玩，可培養孩子敏銳思路的親子遊戲，幫助家長們打造一個愈來愈聰明的新生命。

「寶寶不是什麼？」

這個會讓寶寶「絞出腦汁」的動動腦遊戲，其實再簡單也不過，只要問寶寶：「告訴媽媽，寶寶你不是一個什麼？」遊戲即宣告開始了。

對於成人而言，這個問題可能聽來十分「沒頭沒腦」，荒唐可笑，但是您四歲的寶寶卻會認眞地開始思考這個以前從來沒有想到過的「疑點」。剛開始的時候，家長們也許要先爲寶寶的思考方式「起個頭」，例如：「我不是小花貓」、「我不是大樹」、「我不是茶壺」，以免寶寶小小的腦袋因爲一時轉不過來而「卡」住了。

這個遊戲的重點是藉著二分法，將每一樣物體，包括自己，全都冠上「是什麼」和「不是什麼」的頭銜。我們願意家長們藉著這個簡單的遊戲，建立孩子四通八達、暢通無阻的思路，並且略略體會出生命的眞諦。

「這不是什麼？」

手中拿起一件物體（例如，一隻玩具熊、一輛小卡車），問寶寶：「告訴媽媽，這『不是什麼』？」寶寶會先從舉目可及的物體開始回答，如：「不是桌子」、「不是椅子」、「不是窗子」、「不是燈」……，等到全都答過了之後，他就必須「旁徵博引」地想出一些雙眼看不見的物體來作答，例如：「不是飛機」、「不是月亮」等。

爸爸、媽媽也可以一起加入，跟寶寶玩這個「另類」的動腦遊戲。偶爾，請故意說出一個錯誤的答案，試試寶寶能不能很快的指出這個錯誤，如果能夠的話，恭喜您，四歲的寶寶已成功地自這個遊戲和訓練中高分過關啦！

「想想看，這些玩具該怎麼收？」

這是一個既可訓練孩子「仔細觀察，忠實分類」的能力，又可養成寶寶收拾玩具的好習慣的優良親子活動。

首先，家長們要準備好兩個以上的中型容器，好讓寶寶分門別類地收拾玩具。請千萬不要利用一個大型的「回收筒」，讓寶寶把全部的玩具一古腦兒全部扔進去。

舉個最簡單的例子，您可以對寶寶說：「『硬』的玩具全部收在這一箱，『軟』的玩具全部收在那一箱。」然後為寶寶解釋狗熊、布娃娃、紙帽子是「軟」的，卡車、木頭積木、機器人是「硬」的。

除此之外，您也可以隨意選擇分類的原則，例如有輪子的、可以拼裝的、某一個特別的廠牌等，讓寶寶進行這項有趣的分類遊戲。

等過一陣子寶寶對於「分類學」較有概念之後，家長們也可直接交給寶寶兩個空盒子，讓他以自己的方式來收拾地上的玩具。等寶寶全部收好之後，您可以猜猜看，他是以什麼準則來將玩具分別裝入兩個盒子中。如果您第一次猜對了，還可以要求寶寶換另外一種方法來分類，這麼一來，寶寶將會興味大增地更加努力思索各種分類的可能，小小的腦袋也在同時變得更為靈活了。

在進行以上所述的三種親子遊戲時，家長們請千萬別忘了最重要的訣竅，遊戲是為了好玩，是一項寓教於樂的訓練，唯有在生活中不著痕跡、自然且愉悅的情況下進行，才能達到幫助孩子長進的終極目標。因此，請您首先卸下生活中層層的「人性武裝」，找出埋藏在內心深處久未使用的「童心」，儘可能地添加您最為豐富的想像力，搭配上「望子成龍，望女成鳳」的無限愛心與耐性，調和成濃郁溫馨的學習氣氛，才好在其中將孩子的心智潛能推到最高點。

空間中的陷阱

空間中的物體，往往會因爲距離的遠近和尺寸的大小，令人產生「看來很多，其實不多」和「看來很少，其實不少」的錯覺，這是一種不論是大人或是孩子都難以倖免的「人的弱點」。

請您仔細的想一想，樹上棲息的一群小鳥看起來只有三、兩隻，但是稍一有驚擾，整群飛上天空時，是否會給人一種「哇！一大群小鳥」的視覺效應？

同樣的，如果您在兩個一模一樣的盤子中，放進兩張一模一樣的蔥油餅，一張是圓形的餅，另一張則切成了八塊，看起來是否切成八塊的那一盤好像有比較多的餅？試試看寶寶的反應如何，他會不會選擇蔥油餅已切成小塊的那一盤，原因是「看起來比較多」？

在一個幼兒學習物體和空間相對關係的過程中，他必須要學會物體的總數，絕對不會因爲其在空間中的距離和大小的不同而變多或變少。也就是說，有許多的時候，他必須「不相信」雙眼所見到的景像，而選擇相信腦海中經由學習所得到的定論。

身爲家長的您，該如何幫助寶寶弄明白兩盤蔥油餅其實是完全一樣多呢？這件工作說來並不難，但卻需要持之以恆的堅持與耐心，您必須要容許寶寶實際地參與，多多的體驗，回答他所提出的每一個問題，並且幫助他分析心中的邏輯推理。以下是我們爲家長們所設計的兩種方法，幫助您訓練寶寶不再落入空間中的陷阱。

喝下午茶

教材：小餅乾、小杯子和一條緞帶（用來分割桌面）。

玩法：首先，請寶寶在緞帶的一邊爲他的小客人們（玩具熊、布娃娃、米老鼠……等）每人發一片小餅乾。接下來，讓寶寶在緞帶的另一邊和小餅乾對等的位置，依序各放一個小杯子（如下圖所示）。

然後，您可以帶著寶寶一起大聲的數數看：「一、二、三、四、五，餅乾有五塊；一、二、三、四、五，小杯子也有五個。」這麼做，是爲了要在寶寶的腦海中，留下餅乾和杯子一樣多的深刻印象和認知。

您還可以反覆地考考寶寶：「餅乾有幾塊啊？」「五塊！」「小杯子有幾個啊？」、「五個！」以及「餅乾多還是小杯子多啊？」、「一樣多！」

等到您確定寶寶已「根深柢固」地知道「餅乾和杯子一樣多」的時候，您可以將五塊餅乾之間的距離，在寶寶的注視下拉長兩倍，甚至於三倍（如下圖所示）。

問寶寶：「那麼現在是餅乾多，還是杯子多呢？」

靜靜地觀察寶寶的反應，他可能會在還沒有看清楚之前就順口回答：「一樣多。」這時，家長們可以溫和地鼓勵寶寶：「再看看清楚，餅乾多？還是杯子多？」讓寶寶仔細看一看，他也許會反應：「咦？現在是餅乾比較多！」那麼家長便可以繼續說：「數數看，是不是眞的比較多？」等到寶寶數清楚了兩者一樣多時，他小小的頭腦中即會開始思考這個有趣的現象，他的思緒會遊走於眼前的視覺和腦海中庫存的認知之間，他也會要求父母不斷地陪著他一數再數。

此時，家長們必須耐心並且反覆地將餅乾還原爲最初的排列方式，數一數：「有五塊！」散開拉成一大長排，再數一數：「也是五塊！」幫助寶寶藉著經驗的累積，而慢慢地可以擁有「不輕易受騙上當」的智慧與思想。

鞋襪配對

教材：三至五雙大小不同的鞋子（可以用爸爸的鞋、媽媽的鞋和寶寶的鞋），與鞋子配對的襪子，和一條絲帶（用來分割地面）。

玩法：先帶領寶寶在地上的一堆鞋子和一堆襪子前面看看，試試寶寶能不能看出哪隻鞋子和襪子是爸爸的、媽媽的和自己的。

接下來，請寶寶試試將鞋子依照大小一字排開在絲帶的一邊。然後再讓寶寶慢慢將襪子也依照大小排列在絲帶的另外一邊，製造出一隻襪子配一隻鞋子的視覺效果（如下圖所示）。

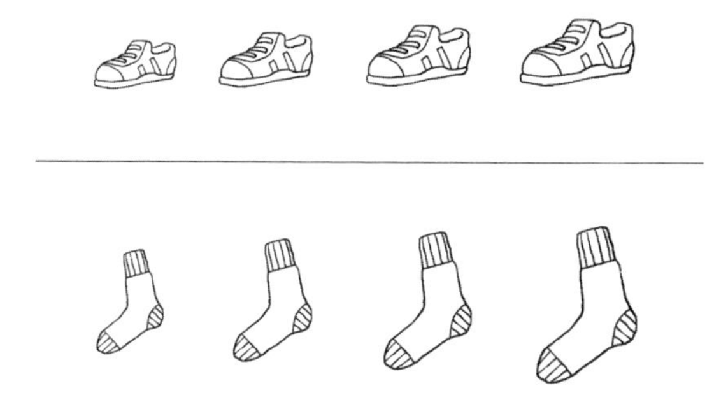

變化玩法：比較困難的玩法，是請寶寶仔細看著您將原本排列好的襪子全部收攏堆在一起（如下圖所示），然後請問寶寶：「襪子和鞋子是不是一樣多啊？」

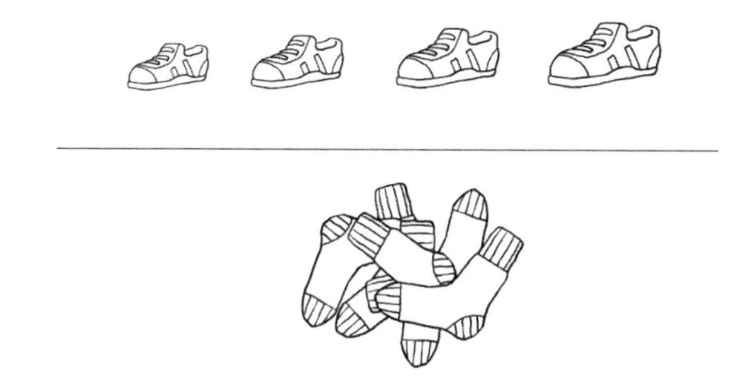

您所得到的回答必然不會是正確的，寶寶也許會說：「鞋子多，這麼多，襪子只有這麼一點點！」爲了證明他的論點，寶寶同時還會用小手邊指邊比劃給您看。

請您千萬不要急著宣告寶寶的錯誤，最好的方式是不動聲色地要求寶寶自己數數看，鞋子有幾隻，襪子有幾隻，他自然會知道在他的思考過程中，某一部分發生問題了。

在寶寶試著整合雙眼所見和認知判斷所產生互相牴觸與矛盾的資料時，家長們請務必遵守「此時無聲勝有聲」的原則，並且要牢牢的記住，就算是您鼓動三寸不爛之舌，以最精采生動的方式努力來為寶寶說明其中的道理，仍然不及寶寶從反覆發生的實際經驗中所領悟到的心得，來得深刻與有效。

因此，我們建議家長們不必多言，但要儘可能地提供寶寶他所需要的練習次數和時間，以愛心和耐心來陪伴，並且等待寶寶心智的成熟和長進。

較量長短

四歲大的幼兒喜歡學習將物體依照大小、長短、寬窄或顏色的深淺，按照順序排列整齊。兒童心理發展專家們認為諸如此類的訓練，可以有效地幫助幼兒將語言、所接受到的知識和發自內心的思想，全部調整到相同的頻道，進入同步運作、協調互動的境界。

以下我們先為您介紹一些幫助寶寶學習比較長短的親子遊戲。

教材：

1. 直徑兩公分的圓形木條，分別截成十五、三十、四十五、六十和七十五公分長。

2. 長寬約兩公分的方形木條，分別鋸成八、十六、二十四、三十二和四十公分長。

基本玩法：您可以先將上述兩種木條全部混在一起，堆在寶寶的面前，請寶寶將圓形木條放在一堆，將方形木條放在另外一堆。

這個最簡單的分類步驟，對於四歲的寶寶而言，應該已不算是太困難了。

請寶寶從圓形木條開始，將最長的木條（七十五公分）交給您，排放在桌面上，再將第二條最長的木條（六十公分），從剩下的四條中選出來交給您，由您排放在最長的木條旁邊，如此不斷地重複，直至將圓形木條排成如圖A所示。

按照上述相同方法，將方形木條也依照長短排成如圖B所示。

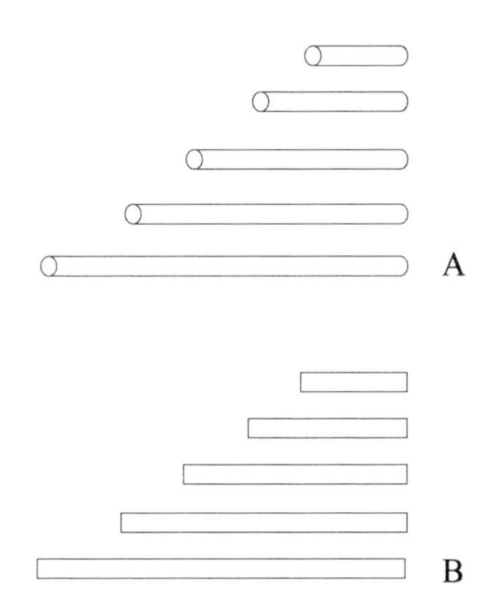

變化玩法：

1. 家長們此時可以自由活潑地變化這個遊戲。請寶寶：「找找看哪一條圓形木條最長啊？」或是，「哪一條圓形木條是第二長啊？」然後再反過來問寶寶：「哪一條最短啊？」和「哪一條第二短呢？」

2. 接下來，您可以再試試寶寶是否能從五條方形木條中，找出最長的、第二長的、最短的和第二短的。

3. 您可任意組合以上兩種玩法，讓寶寶時而選方形木條，時而選圓形木條，時而找出長的，時而找出短的。

備註：

1. 一開始當寶寶對於長短的認知還沒有完全進入狀況的時候，家長們需要不時地將木條兩兩並排靠攏，方便寶寶一目了然地看出孰長孰短。同時，家長們也要能夠隨時爲寶寶做口頭上的補充說明，幫助寶寶掌握長與短的眞正定義。

2. 有些孩子會以「最大的」、「最胖的」等字眼來稱呼七十五公分長的圓形木條和四十公分長的方形木條，這表示他們對於「長」和「短」的觀念仍然十分模糊。此外，家長們在教導寶寶時，也可能沒有正確地以「最長的」字眼來描述這個較量長短的概念。

3. 當寶寶已經將整套遊戲從頭到尾毫不含糊地玩得很好的時候，家長們即可以開始帶領寶寶，將長與短的觀念應用到日常生活中。

「手長還是腳長？」、「兩條法國麵包，哪一條比較長？」、「兩雙筷子，長的給爸爸，短的給寶寶。」、「五隻手指頭，哪一隻最短？」、「超市付錢的隊伍，哪一條最短？」等，都是寓教於樂，不需教材，不用場地，家長們不費吹灰之力即可進行的較量長短「應用題」。親愛的讀者們，請別忘了要多多善加利用喔！

提醒您！

❖ 不可要求寶寶在四歲學習進度表上的表現為滿分喔！
❖ 多多為寶寶製造「此路不通」的思想路障。
❖ 別忘了教會寶寶利用色碼打電話。

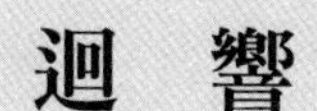

親愛的《教子有方》：

只想對您表達誠摯的謝意！滿溢於《教子有方》字裡行間的智慧與鼓勵，彷彿就是幼兒教育的知識活泉，源源不絕地幫助我培育著生命的幼苗。

您一定要繼續出版這份「一極棒」的好刊物！

唐美潔

美國維吉尼亞州

教子有方系列 ● 好書推薦

全美各地父母佳評如潮，熱烈暢銷的育兒刊物
Growing Child 中譯本臺灣熱賣

最佳的幼兒智能訓練方案，最好的幼兒潛能激發方法，最優的幼兒教養計畫，從 0 歲到三歲，本書幫你逐月掌握寶寶的成長軌跡！

全方位的學習啟蒙指南！綜合性的幼兒生理、心理解說！生活化的親子互動安排！給自己最輕鬆的，也給寶寶最好的，與你的孩子一起成長！

【0 歲寶寶成長心事】

Phil Bach 等著／丹尼斯•唐（Growing Child 雜誌發行人）總編輯／毛寄瀛 譯
書號 3I00 ／ 280 元／ 340 頁／ 2015 年 9 月 3 版 2 刷

解讀寶寶的成長訊息，掌握智慧與潛能訓練的契機，新世代父母不可不備的幼兒啓蒙手冊！

如何充分激發寶寶的潛能？
如何讓寶寶在起跑點上不落人後？
從寶寶「出生」到寶寶「周歲」，本書逐月爲你一一探討。

【成功的關鍵就從 1 歲開始：愛孩子，就給他正確的教養】

Phil Bach 等著／丹尼斯•唐（Growing Child 雜誌發行人）總編輯／毛寄瀛 譯
書號 3I01 ／ 260 元／ 280 頁／ 2012 年 6 月 3 版 1 刷

你還在瞎忙？被孩子哄的團團轉？新世代父母不可不備的幼兒啓蒙手冊！
當孩子在轉變了，你如何讓這個「小跟班」走穩方向？
孩子不僅要好帶還要養成他的好習慣，在孩子養成好習慣的關鍵期—1 歲，本書教你一輩子受用的秘訣，解讀寶寶的成長訊息。

在美國，超過數百萬個家庭，閱讀本書內容而成功教養 1 歲寶寶！跟著美國權威暢銷育兒寶典，輕鬆教養 1 歲寶寶。

【2 歲寶寶成長里程：面對小小磨人精的高 EQ】

Phil Bach 等著 / 丹尼斯•唐（Growing Child 雜誌發行人）總編輯 / 毛寄瀛 譯
書號 3I02 / 280 元 / 312 頁 / 2016 年 1 月 3 版 1 刷

當寶寶 2 歲愈發獨立時，乖乖的嬰兒期歲月以一去不返，如何讓寶寶安全的玩耍並建立規矩，面對小小磨人精，父母必須更有方法、智慧，才能掌握潛能訓練的契機！

2 歲的寶寶會說什麼話？
2 歲的寶寶會做什麼事？
是天使？還是惡魔？
就看父母如何因應教養。
最優質的幼兒教養寶典，
完全掌握 2 歲幼兒的成長里程。

這是一本全方位的學習啓蒙指南，包括綜合性的幼兒生理、心理解說，與生活化的親子互動安排！
給自己最輕鬆的，也給寶寶最好的，與你的孩子一起成長！

貼心教戰守則～
- 多多差遣寶寶做家事
- 邀請寶寶一同來解決問題
- 多抽些時間爲寶寶說故事
- 先別急著糾正寶寶的「胡言亂語」
- 亦步亦趨與「小小磨人精」同步成長

國家圖書館出版品預行編目資料

3歲定一生／丹尼斯・唐總編輯；毛寄瀛譯.--二版--.--臺北市：書泉，2016.04
面；　公分
譯自：Growing child
ISBN 978-986-451-054-2（平裝）

1.育兒　2.兒童發展　3.親職教育

428.8　　105001672

◎本書初版書名爲「3歲寶寶成長地圖」

3I03

3歲定一生
活用孩子的黃金發展關鍵期

總編輯 — Dennis Dunn
作　者 — Phil Bach, O.D., Ph.D., Miriam Bender. Ph.D.
Joseph Braga, Ph.D., Laurie Braga, Ph.D.
George Early, Ph.D., Liam Grimley, Ph.D.
Robert Hannemann, M.D., Sylvia Kottler, M.S.
Bill Peterson, Ph.D.
譯　者 — 毛寄瀛（26.1）
發行人 — 楊榮川
總編輯 — 王翠華
主　編 — 陳念祖
責任編輯 — 李敏華
封面設計 — 陳翰陞
出版者 — 書泉出版社
地　址：106台北市大安區和平東路二段339號4樓
電　話：(02)2705-5066　　傳　真：(02)2706-6100
網　址：http://www.wunan.com.tw
電子郵件：shuchuan@shuchuan.com.tw
劃撥帳號：01303853
戶　名：書泉出版社

總經銷：朝日文化
進退貨地址：新北市中和區橋安街15巷1號7樓
TEL：(02)2249-7714　　FAX：(02)2249-8715

法律顧問　林勝安律師事務所　林勝安律師

出版日期　2003年4月初版一刷
2016年4月二版一刷
定　價　新臺幣380元